ネイチャーウォッチング
ガイドブック

増補
改訂

草木の
種子と果実

鈴木庸夫
高橋　冬　共著
安延尚文

SEEDS & FRUITS ILLUSTRATED

CONTENTS

この図鑑について ……………………………………………… 5
世界のオモシロ種子＆果実 ……………………………………… 6
知ってる？身近な野菜の種子＆果実 …………………………… 10
植物の種子・果実とは？ ……………………………………… 12
種子散布のいろいろ
　重力・自動散布 ………………………………………………… 16
　被食散布 ………………………………………………………… 17
　付着散布 ………………………………………………………… 18
　風散布 …………………………………………………………… 19
　水流散布 ………………………………………………………… 20

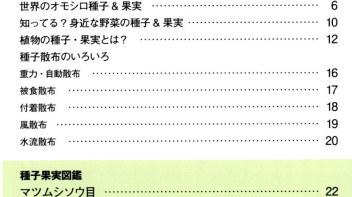

種子果実図鑑
マツムシソウ目 ……………………………………… 22
スイカズラ科・レンプクソウ科
セリ目 ………………………………………………… 27
セリ科・ウコギ科・トベラ科
キク目 ………………………………………………… 35
キク科・キキョウ科・クサトベラ科
モチノキ目 …………………………………………… 56
ハナイカダ科・モチノキ科
ナス目 ………………………………………………… 58
ヒルガオ科・ナス科
シソ目 ………………………………………………… 65
キリ科・ハマウツボ科・ハエドクソウ科・シソ科・クマツヅラ科・オオバコ科・
キツネノマゴ科・ゴマノハグサ科・イワタバコ科・アゼナ科・ノウゼンカズラ科・
モクセイ科
ムラサキ目　ムラサキ科 ……………………………… 83
リンドウ目 …………………………………………… 85
キョウチクトウ科・リンドウ科・アカネ科
ガリア目　ガリア科 ………………………………… 92
ツツジ目 ……………………………………………… 92
リョウブ科・ツツジ科・サクラソウ科・ハイノキ科・カキノキ科・エゴノキ科・
ツバキ科・モッコク科・マタタビ科・ツリフネソウ科・ヤッコソウ科
ミズキ目 ……………………………………………… 107
ミズキ科・アジサイ科
ナデシコ目 …………………………………………… 112

ナデシコ科・ヒユ科・ザクロソウ科・スベリヒユ科・ハゼラン科・ヤマゴボウ科・オシロイバナ科・タデ科・ハマミズナ科

ビャクダン目　ビャクダン科 ………………………………………… 123
ユキノシタ目 …………………………………………………………… 124
ボタン科・カツラ科・ユズリハ科・マンサク科・フウ科・ベンケイソウ科・タコノアシ科・ユキノシタ科

ブドウ目　ブドウ科 …………………………………………………… 129
アブラナ目　アブラナ科 ……………………………………………… 131
アオイ目 ………………………………………………………………… 135
ジンチョウゲ科・アオイ科

ムクロジ目 ……………………………………………………………… 139
ウルシ科・センダン科・ミカン科・ニガキ科・ムクロジ科

クロッソソマ目 ………………………………………………………… 148
キブシ科・ミツバウツギ科

フトモモ目 ……………………………………………………………… 150
ミソハギ科・アカバナ科

フウロソウ目　フウロソウ科 ………………………………………… 154
ブナ目 …………………………………………………………………… 155
カバノキ科・ブナ科・クルミ科・ヤマモモ科

ウリ目 …………………………………………………………………… 166
ドクウツギ科・ウリ科・シュウカイドウ科

バラ目 …………………………………………………………………… 169
アサ科・グミ科・クワ科・クロウメモドキ科・バラ科・ニレ科・イラクサ科

マメ目 …………………………………………………………………… 194
マメ科・ヒメハギ科

カタバミ目　カタバミ科 ……………………………………………… 206
キントラノオ目 ………………………………………………………… 207
オトギリソウ科・スミレ科・ヤナギ科・コミカンソウ科・トウダイグサ科

ニシキギ目　ニシキギ科 ……………………………………………… 215
ヤマモガシ目 …………………………………………………………… 218
スズカケノキ科・アワブキ科・ハス科

キンポウゲ目 …………………………………………………………… 219
フサザクラ科・アケビ科・ツヅラフジ科・メギ科・ケシ科・キンポウゲ科

ツユクサ目 ……………………………………………………………… 232
ツユクサ科・ミズアオイ科

イネ目 …………………………………………………………………… 233
イグサ科・カヤツリグサ科・イネ科・ガマ科

ショウガ目　カンナ科 ………………………………………………… 242
ヤシ目　ヤシ科 ………………………………………………………… 243

3

ヤマノイモ目	……………………………………………	244
ヤマノイモ科・キンコウカ科		
ユリ目	…………………………………………………	245
サルトリイバラ科・ユリ科・イヌサフラン科・シュロソウ科		
キジカクシ目	…………………………………………	250
キジカクシ科・ツルボラン科・ヒガンバナ科・アヤメ科・ラン科		
ショウブ目　ショウブ科	……………………………	260
オモダカ目	………………………………………………	260
オモダカ科・サトイモ科		
クスノキ目	………………………………………………	261
ロウバイ科・クスノキ科		
モクレン目　モクレン科	…………………………	265
コショウ目	………………………………………………	268
ドクダミ科・ウマノスズクサ科		
センリョウ目　センリョウ科	……………………	269
アウストロバイレヤ目　マツブサ科	…………	270
スイレン目　スイレン科	…………………………	271
イチョウ目　イチョウ科	…………………………	271
マツ目	………………………………………………………	272
マキ科・ヒノキ科・コウヤマキ科・マツ科・イチイ科		
ソテツ目　ソテツ科	………………………………	279

香辛料になるセリ科植物の種子	………………………	30
本物の種子果実はどれ？	……………………………	65、154
街の中の小さな芽生え	…………………………………	82
種子果実の薬で健康に	…………………………………	126
ムクロジのシャボン遊び	………………………………	145
個性豊かなオニグルミ	…………………………………	164
日本を照らした種子の灯	………………………………	207
伝統色を染める果実	……………………………………	217
味わえる椰子の実	………………………………………	243
ロウソクの蝋も果実由来	………………………………	265
繊維が採れる種子	………………………………………	279

フィールドサインの中の種子	…………………………	280
流れ着く種子＆果実たち	………………………………	282
種子で遊ぼう！	…………………………………………	288
著者プロフィール	………………………………………	289
索引	…………………………………………………………	290

4

この図鑑について

植物が子孫を残すための器官である種子果実には、生態的にも、また造形的にもおもしろいものが数多くあります。本書では、比較的身近な環境で見られる草木の中から、自生種を中心に734種類(写真のみ掲載も含む)を選び、その種子果実を生態写真や標本写真を用いて紹介しています。また図鑑ページ以外の特集ページでも、外国産の種子果実、野菜の種子果実、南方から海岸に漂着する種子果実など、普段あまり目にする機会の少ない種類を多数紹介しています。

● 和名は、一般に使用されている植物の名称ですが、一部は植物学的に用いられる名称と違う場合があります。主な別名は並列表記、または解説中で紹介しています。

● 本書では、基本的にAPG植物分類体系第4版に準じた分類を採用しています。ただし、掲載順は編集の都合で必ずしも分類順にはなっていません。

● 分類名の日本語名称が統一されていないものは、より一般的なものを採用しています。また増補改訂にあたり、旧版より目科名の名称を変更しているものがあります。
＊モッコク科 or ペンタフィラクス科→モッコク科
＊シュロソウ科 or メランチウム科→シュロソウ科
＊クサスギカズラ目クサスギカズラ科→キジカクシ目キジカクシ科
＊ススキノキ科→ツルボラン科

● 旧分類(新エングラー植物分類体系)と科が異なる種類は、各種のタイトル部分に表記しています。

● 学名は、一般に使われているものを採用していますが、学説等により他と異なる学名が使われていることもあります。

● 写真は、基本的にフィールドで見られる生態写真と、一目で大きさがわかる方眼紙上で撮影した標本写真で紹介しています。方眼紙は1目盛りが1mmです。一部、野外で撮影されたもの、黒や白背景で撮影されたものについては、スケールを入れています。

※本書は、『ネイチャーウォッチングガイドブック 草木の種子と果実』(誠文堂新光社、2012年9月発行)に、100種以上の種子と果実を加え、各種情報も最新のものにし、増補改訂として出版したものです。

世界の
オモシロ種子&果実

キバナツノゴマ

ツノゴマ科
キバナツノゴマ属
Ibicella lutea

ツノゴマ（*Proboscidea luisianica*）と異なり、成熟した果実は色が黒く表面に刺が密生する。果実は蒴果で、2つに裂開して種子を落とす。「悪魔の爪」「旅人泣かせ」とも呼ばれる。南米原産

キバナツノゴマの種子

ウンカリーナの一種

ゴマ科ウンカリーナ属
Uncarina sp.
アフリカのマダガスカル原産。果実にはかぎ爪のついた長い突起や短い刺が生え、動物や人の衣服に付着して散布される

カカオ

アオイ科カカオ属
Theobroma cacao
中南米原産。カカオ豆はこの果実の中にある種子で、ココアやチョコレートの原材料になる

バンクシアの一種

ヤマモガシ科バンクシア属
Banksia sp.
果実は袋果の複合果で、縫合部から裂開して種子を落とすが、多くの種では山火事などの熱の刺激で裂開する。オーストラリア原産

ユーカリの一種

フトモモ科ユーカリ属
Eucalyptus lehmannii
果実は蒴果の複合果で、1つの果実に開いた窓から1mmほどの種子がこぼれ落ちる。オーストラリア原産

バオバブの一種

アオイ科バオバブ属
Adansonia digitata
原生8種のうちアフリカ大陸に分布する種。独特の樹形で知られ、若葉や果実は食用、種子は油を採るために利用される

世界最大の種子はなに？

世界には変わった種子果実をつける植物が多数あるが、その中でも世界最大の種子をつけるのがオオミヤシ（*Lodoicea maldivica*）だ。オオミヤシはセイシェル諸島原産で1属1種の珍しいヤシ。種子は2つの実を合わせたような独特の形をしているため、フタゴヤシ、ダブルココナッツとも呼ばれている。大きさはなんと長さが35〜40cm、重さ約20kgにもなるという。その珍しさから、種子は植物園などでよく展示されている。

オオミヤシの種子（高知県立牧野植物園）

世界のオモシロ種子&果実

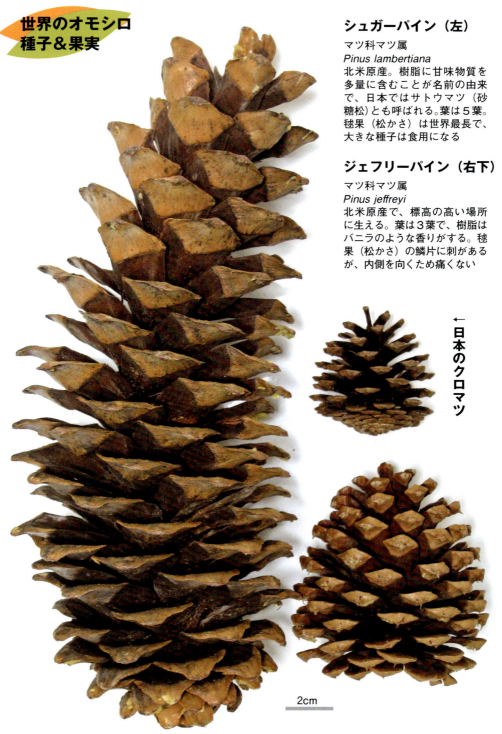

シュガーパイン（左）

マツ科マツ属
Pinus lambertiana
北米原産。樹脂に甘味物質を多量に含むことが名前の由来で、日本ではサトウマツ（砂糖松）とも呼ばれる。葉は5葉。毬果（松かさ）は世界最長で、大きな種子は食用になる

ジェフリーパイン（右下）

マツ科マツ属
Pinus jeffreyi
北米原産で、標高の高い場所に生える。葉は3葉で、樹脂はバニラのような香りがする。毬果（松かさ）の鱗片に刺があるが、内側を向くため痛くない

← 日本のクロマツ

2cm

アルソミトラ

ウリ科アルソミトラ属
Alsomitra macrocarpa
マレーシア（ボルネオ）〜ニューギニアに分布するつる植物で、和名はハネフクベ、ヒョウタンカズラなどと呼ばれる。果実は直径20cmにもなる蒴果で成熟すると下部が内側にめくれ上がるように裂開し、翼のある大きな種子を多数、風に飛ばす。この種子はグライダーのモデルになったとも言われる

フタバガキの仲間

フタバガキ科フタバガキ属
Dipterocarpus sp.
世界の熱帯域に分布する大きなグループ。この仲間の果実には萼片の変化した2枚の翼があり、成熟して落下する際にクルクルと回転して、風に流されながら散布される

知ってる？
身近な野菜の種子 & 果実

私たちが普段から口にしている野菜。トマトやピーマンのように果実を食べるものは種子を見る機会も多いですが、葉や根を食べる野菜は種子どころか果実を見る機会もありません。ここで紹介する野菜の種子や果実をどれだけ知っていますか？

| サラダの定番。パリパリ食感の葉菜類 | 和風にも洋風にも合うオレンジ色の根菜 | 葉菜類に親戚が多いが食べるのは花芽 |

綿毛のある痩果をつけるのはキク科アキノノゲシ属に含まれるレタス（チシャ）。球状になるタマチシャは1品種。*Lactuca sativa*

トゲトゲの果実は成熟すると2つに分かれる分離果。この果実が特徴のセリ科の根菜はニンジン（ニンジン属）。*Daucus carota* ssp. *sativus*

丸みのある種子が入っているのは長角果。数多くの野菜を含むアブラナ科アブラナ属からブロッコリーが登場。*Brassica oleracea* var. *italica*

きんぴらや煮物に向く根菜。薬にもなる	茹でても炒めても美味しい。可食部は茎	特有の辛みがあり薬味には欠かせない

レタスと同じキク科で果実は似ていても、こちらの綿毛は飛行不可。姿はアザミに似たキク科ゴボウ属のゴボウ。*Arctium lappa*

赤い果実（液果）に黒い種子が数個。果実より細い葉が特徴。キジカクシ科クサスギカズラ属のアスパラガス。*Asparagus officinalis*

果穂は独特な形。果実は蒴果で成熟すると裂開、稜があり断面が三角形の種子を落とす。ヒガンバナ科ネギ属のネギ。*Allium fistulosum*

この種子果実は何の野菜？

　これはごく一般的な野菜の果実。でも、この果実を食べる野菜ではありません。可食部はさまざまな料理に使え、お菓子にも利用可。ナスやトマトが親戚のこの野菜は何でしょう？
（答えは289ページ）

植物の種子・果実とは？

■種子とは

種子とは、裸子植物と被子植物が持つ生殖器官の1つであり、受精卵から成長した胚を元の植物とは離れた場所に散布し、胚を発芽させる役割を持つ。また条件が悪い場合には、一定の間、胚を休眠させておくこともできる。

種子はおおまかに受精卵が成長した胚と発芽などに必要な栄養を貯めている胚乳を、種皮が包みこんでいる。種子の中には、マメ類のように胚乳が退化し、代わりに子葉に栄養分を貯めているものもある。また胚珠の柄や胎座が変化して種子を覆った、仮種皮を持つものもある。

種子の作り

カキノキ（*Diospyros kaki*）の種子

■果実とは

果実は、被子植物において種子を中に含む器官で、種子を守ったり、動物などに食べられることで種子の散布をうながす役割を持つ。果実は胚珠を包んでいた子房が発達してできる。果皮は厚く柔らかくなったり、かたく丈夫になったりして種子を包んでいる。

一方、裸子植物では果実は形成されないため種子はむき出しになるが、マツ類の松かさのように雌花の鱗片が発達して、果実のように種子を守る役割を果たすものもある。

■果実のいろいろ

液果 果実のうち、果皮が多肉質で水分を多く含むもの。

ミカン状果

外果皮はかたく、中果皮は白い海綿質。内果皮は袋状で、その内側にある毛が多肉、液質になる

核果

内果皮がかたい石質になって核を形成し、その中に種子を含む。中果皮は多肉質。石果（せきか）ともいう

乾果

果実のうち、果皮は多肉、液質にならず、乾いてかたいもの。果皮が裂開する裂開果と裂開しない閉果に分けられ、さまざまなタイプがある。

蒴果（さくか）

子房が複数の心皮からなり、果実は成熟すると心皮と同じ数に果皮が裂開する

角果（かくか）

子房が2つの心皮からなる。果実は2室で、成熟すると中央の壁を残して果皮が裂開する。細長いものが長角果、短いものが短角果

豆果（とうか）

子房が1つの心皮からなり、成熟すると心皮の合わせ目と背側の縁で果皮が裂開する。莢果（きょうか）と呼ぶこともある

袋果（たいか）

子房は1つの心皮からなり、成熟すると縫合線のような心皮の合わせ目から裂開する

蓋果（がいか）

果実は成熟すると横に裂開し、蓋のように上部が取れてしまう

痩果（そうか）

子房は1つの心皮からなる。果実の中に種子が1つあり、果皮と種皮は密着している

分離果（ぶんりか）

子房に複数の部屋があり、成熟すると部屋ごとに分離して、それぞれに1つずつの種子を持つ。分果

節果（せつか）

種子1つごとに果皮がくびれて節を作る果実。裂開せず節でバラバラになり散布される

翼果（よくか）

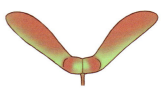

果皮の一部が翼状になった果実で、風散布に適応したもの。翼の形や種子の位置は種類によって異なる

堅果（けんか）

子房は複数の心皮からなる。中に種子が1つあり、果皮は木質でかたい。総苞が変化した殻斗を持つ

穎果（えいか）

薄い果皮が種子に密着していて、その外側を穎が包んでいるもの。痩果の一種

イネの穎果は籾と呼ばれている

真果と偽果

果実は子房が発達してできるものを指すが、子房の代わりに花托や萼が肥大して果実状になるものがある。果実を真果と呼ぶのに対して、このような果実状器官を偽果という。

ナシ状果

花床が肥大して多肉質になり、果実を包み込んだもの

ウリ状果

外果皮と花托の組織が癒合してかたくなり、中果皮、内果皮は多肉質や海綿状になる

種子を作らない植物

日本のヒガンバナ（*Lycoris radiata*）は三倍体でふつう結実しないが、ごく稀に種子ができることもある

　植物の中には結実しなかったり、結実しても種子ができないものがある。通常の植物は、染色体が基本数の2倍ある二倍体。これらの配偶子は減数分裂をして染色体数が半分になり、雌雄の配偶子が受精することで再び元の染色体数に戻る。ところが種子を作らない植物は、染色体が基本数の3倍ある三倍体のことが多い。三倍体は配偶子を作る際の減数分裂が正常におこなえず、受精してもほとんど種子を作ることができない。

　三倍体植物は発育が盛んで大きくなるため園芸用や作物として利用され、人為的に三倍体植物を作り出すこともおこなわれている。三倍体植物を増やすには、挿し木などの方法を使っている。

集合果

複数の雌しべを持つ花のそれぞれの子房が果実となり、全体で1つにまとまったもの。

モクレンの仲間は袋果が集まった集合果

キイチゴ状果

バラ科キイチゴ属の果実。多数の核果が集合して1つの果実になる

偽果状の集合果

花床（花托）などが発達して偽果になり、そこに多数の果実をつける。

バラ状果　　イチゴ状果　　ハス状果

バラ科バラ属の果実。花床が伸びて球形の偽果となり、その中に多数の果実を包み込んでいる

バラ科オランダイチゴ属やヘビイチゴ属の果実。花床が肥大して偽果となり、その表面に多数の小さな果実がつく

ハス科ハス属の果実。花床が伸びて円錐形になり、そこに複数の果実を埋没させる

複合果

花序に密集した花の子房が果実になり、花序全体で1つの果実のように見えるもの。多くの場合、花序の中軸も肥大する。

テンナンショウ類の複合果は、肉穂花序のそれぞれの花が結実したもの

イチジク状果

イチジク類は独特な隠頭花序を持ち、果実はつぼ状の花托が肥大した偽果。真の果実は内面にある

重力・自動散布 ——————————— 種子散布のいろいろ

多くの植物は、果実や種子が成熟すると自然落下する。果実や種子は真下に落下して、転がるなどして比較的近距離に散布される。また落下後に動物によって食べられたり貯食されたりするもの（被食散布）や、川に落ちて下流に運ばれるもの（水流散布）もある。

一部の種類では、果実が成熟すると裂開して種子を弾き飛ばす仕組みが備わり、親株の周辺部に種子を散布させることができる。

地面に多数転がったクヌギのドングリ。発根、発芽するものもあるが、成木まで大きく生長できるものはごくわずかだ

種子を飛ばすアフリカホウセンカ（*Impatiens walleriana*）。成熟した果実はちょっとした刺激を与えるだけで、裂開しながら勢いよく内側に巻き込む。種子はその力で弾き飛ばされ、散布される

種子（果実の右にある粒）を弾き飛ばすカタバミ。種子が成熟すると種皮（左端の白い影）が反転して、その勢いで種子を果実の外に飛ばす

カラスノエンドウなどのマメ類は、莢がねじれるように裂開し、その勢いで周囲に種子をばらまく

種子散布のいろいろ — 被食散布

　液質で甘い果肉を持った果実をつけ、それを鳥や哺乳動物に種子ごと食べてもらい、より遠い場所へ種子を散布してもらう植物もある。種子は消化されずに排泄され、その場所で発芽、生長する。果肉に発芽抑制物質を含み、動物に果肉を食べてもらうことで発芽できるようになる性質も知られている。

　またブナ科のドングリなどのように、鳥や動物の貯食習性で地面などに埋められたものが、食べられずに発芽、生長するものもある。

（→P 280「フィールドサインの中の種子」もご覧ください）

ホザキヤドリギ（*Loranthus tanakae*）。ヤドリギの仲間は果実が鳥に食べられて種子散布される。果肉は粘液質を含み、それを食べた鳥の糞も粘る。こうして種子は糞ごと宿主となる木にこびりつき、そこで発芽、生長する

エンジュの果実を食べるヒヨドリ。鳥は種子散布の重要な担い手である

木の幹の途中で花を咲かせるコスミレ（*Viola japonica* 右）
スミレやケシの仲間などは、種子にエライオソームと呼ばれる栄養豊富な付着物がある。アリはエライオソーム目当てで種子を運び、巣の近くで種子だけを捨てる。時に木の幹や石垣など意外な場所でスミレなどが咲いていたりするのは、こうした種子散布の結果だろう

雑木林でポツリと生長しているシュロ。鳥が種子を運んだのだろう

付着散布 — 種子散布のいろいろ

動物の毛や人の衣服などに果実や種子が付着して、親株から離れた場所まで運んでもらい、そこで散布される植物もある。これらの果実や種子は、かぎ状の返しや逆刺のついた突起、かたい毛などで付着するタイプと、粘性の物質を出して付着するタイプがある。また中には、種子が雨などに濡れると粘性を出して付着するようになるタイプもある。

付着散布型の種子果実は「ひっつき虫」とも呼ばれ、秋に草原などを歩くと衣服に多数付着してウンザリさせられる

ヤブニンジンの果実には同じ方向を向いた刺状の毛が生えている

オナモミ（*Xanthium strumarium*）の果実にはかぎ状突起が多数ある

コメナモミの花は総苞などに多数の腺毛があり、粘液を出す

オオバコの種子は湿り気を帯びると表面が粘液状になり、人や動物、ものなどに付着して運ばれていく（左。右は通常の状態）。道端などに多いのも、種子が人の靴底や車のタイヤなどに付着して運ばれているためかもしれない

種子散布のいろいろ

風散布

　果実や種子を風に飛ばして散布させる植物も多い。この散布方式を採る植物は、大きく3タイプに分けられる。1つはタンポポのような冠毛（綿毛）をつけるタイプ。2つめはカエデ類のように種子や果実に翼を持つタイプ。3つ目が非常に細かい粉のような種子をもつタイプだ。どのタイプも種子果実はとても軽く、また冠毛や翼の効果で滞空時間を延ばし、より遠くに散布されるようになっている。

タンポポ類の果実は風散布の代表的存在。綿毛に風を受けて飛び、かなり遠距離まで散布される

冠毛がつく種子果実（左）。冠毛のつき方や柔らかさも種類で異なる
翼のある種子果実（右）。翼のつき方や形もさまざま

粉のようなヤセウツボの種子（左）。わずかな風でも飛び散る
ツクバネ（*Buckleya lanceolata*、右）は果実に4枚の苞葉が残る。果実が落下するとき回転して、滞空時間が延び風に運ばれやすくなる

水流散布

種子散布のいろいろ

　川岸や湖沼畔、海岸などの水辺で生育する植物の多くは、水流や海流を使って果実や種子を散布している。この散布型の果実や種子は、水に浮く仕組みや種子内部まですぐに水が染み込まないような仕組みが備わっている。そして生育可能な地面のある場所に流れ着いたり、一定期間浮遊した後に水底に沈んで、そこではじめて発根、発芽するようになっている。

（P 282、「流れ着く種子＆果実たち」もご覧ください）

水に浮くハマダイコンの果実。軽い上に、水は果実内部になかなか浸透しない

ハマダイコンの果実は成熟しても裂開せず、またとてもかたくなる。果実は節ごとに分かれて、そのまま荒波などで散布される

ヒルガオ科のグンバイヒルガオの種子は毛が密生していて水を弾く。種子は海流によって散布される

キョウチクトウ科のミフクラギの果実断面。核果で、核の周りは繊維質とコルク質の混ざった中果皮が覆う。海流で散布される

河川中流域の岸辺に生えるオニグルミ。上流から流れてきた果実（核）が定着したもの

コチャルメルソウの種子は、雨水などの水滴によって散布される

SEEDS & FRUITS
種子 果実
図鑑
増補改訂

マツムシソウ目

マツムシソウ
スイカズラ科 マツムシソウ属
マツムシソウ科として独立させても可
Scabiosa japonica

細い萼裂片が残る果実。コップ形の小総苞の上部は薄いフリル状

果実は全体が丸くポンポンのよう。晩秋まで花もある

山地の草地や高原に生える越年草で、海岸などに生える変種もある。果実は痩果で、多数が球形の花床につき、全体は丸い。痩果は長楕円形で、先端に針状の萼裂片が5個残る。またコップ形の小総苞に包まれ、小総苞は複数の溝があり有毛。花期は8～10月。北海道～九州に分布。

オミナエシ
スイカズラ科 オミナエシ属
オミナエシ科として独立させても可
Patrinia scabiosifolia

痩果。花は草丈も高くよく目につくが、花後の果実期はほとんど目立たない

痩果はごく小さい。中に種子は1個

山野の草原などに生える多年草。果実は痩果で楕円形や長楕円形。縦の低い稜があり、オトコエシのような大きい翼はなく、縁はごく狭い翼状になる。果皮はやや粗い。花期は8～10月。枝先に黄色の小さな花が散房状に多数つく。北海道～九州に分布。

オトコエシ
スイカズラ科 オミナエシ属
オミナエシ科として独立させても可
Patrinia villosa

痩果の翼は薄く葉脈状の筋があり、よく風を受けて飛ぶ

痩果は飛ばずに残るものも多い

山野の草地や林に生える多年草。果実は痩果で狭倒卵形。腹面の中央に縦の溝がある。花後、小苞が大きくなって痩果をとりまき、円い翼になる。花期は8～10月。枝先に白い小さな花を多数つける。真冬に立ち枯れた茎に飛ばずに残る果実を見ることがある。北海道～九州に分布。

ツルカノコソウ

スイカズラ科 カノコソウ属
オミナエシ科として独立させても可
Valeriana flaccidissima

山地の木陰や湿った所に多い多年草。果実は痩果。広披針形でやや平たく背面に1個、腹面に3個の縦の稜がある。冠毛は羽毛状で白色。花期は4〜5月。花は小さく白色でやや紅色を帯びる。花後に走出枝を出して伸びるが、冠毛のついた果実をつけさらに遠くに分布を広げる。本州〜九州に分布。

冠毛は繊細な雰囲気で、開いた様子は美しい

果実は痩果で、中に1個の種子が入っている。冠毛は痩果の倍ほどの長さ

スイカズラ

スイカズラ科 スイカズラ属
Lonicera japonica

山野に生える半常緑のつる性木本。果実は液果。球形で秋に黒く熟す。種子は形が不揃いで卵形や長楕円形、やや平たく浅い溝がある。果実に種子は9〜10個。花期は5〜6月。香りのよい花を咲かせる。花は2個ずつつき、果実も2個並んでつく。北海道(南端)〜九州に分布。

果実は径5〜7mm。2個ずつつくのが特徴

種子。果実は黒く熟すが、種子も黒っぽい。黒色も鳥を引きつける要素の1つ

ウグイスカグラ

スイカズラ科 スイカズラ属
Lonicera gracilipes var. *glabra*

山野に生える落葉低木。果実は液果で透明感のある赤色。楕円形で細い果柄の先に1個、時に2個つき、つけねに1〜2個の苞が残る。種子は丸みのある楕円形で、茶色。表面はややざらつく。花期は3〜5月。果実は初夏頃に熟す。北海道(南部)〜九州に分布。

果実。先端に萼の名残がある。甘みがあり食べられる

種子は平たく、両面に浅い溝が2個ある。へその所が小さくへこむ。果実に種子は2〜4個

マツムシソウ目

マツムシソウ目

種子本体は褐色で網目模様があり、翼は淡褐色。風に乗り飛ばされる

果実は長さ2～2.5cm。秋に熟し濃褐色になる頃裂開する

タニウツギ
スイカズラ科 タニウツギ属
タニウツギ科として独立させても可
Weigela hortensis

山地に生える落葉低木。果実は蒴果で円筒形。熟すと縦に2裂し、中軸の先が細長く出て残る。種子はごく小さく、楕円形で周りに翼がある。果実は長く枝に残り、雪が降り積もるような時期にも目につく。花は淡紅色で春に咲く。北海道（西部）～本州（日本海側）に分布する。

果実の中の種子は多数。小さいが不揃いの翼があり、風に乗って遠く運ばれる

若い果実。長さは2～3cm

ハコネウツギ
スイカズラ科 タニウツギ属
タニウツギ科として独立させても可
Weigela coraeensis

落葉低木。果実は蒴果。細い円筒形で先は細くなる。熟すと縦に2裂して種子を出す。種子はごく小さく、周りに翼がある。花期は春。花ははじめ白く次第に紅色に変わっていく。本州（関東地方～中部地方の太平洋側海岸地帯）に分布し、防風用として沿海地に広く植栽される。

核。果実はまずいが鳥は好物。秋に実る果実類より早く種子は散布される

果実は長さ3～5mm。6～8月頃に熟す

ニワトコ
レンプクソウ科 ニワトコ属
旧スイカズラ科
Sambucus racemosa ssp. *sieboldiana*

山野の林縁などに生える落葉低木。果実は核果で卵球形。赤～暗赤色に熟し、鳥に食べられる。果実には2～3個の核が入っていて、核の中に種子が1個ある。核は小さく、細かいしわがある。花期は3～5月。枝先の円錐花序に黄白色の小さな花を多数つける。本州～九州に分布。

オトコヨウゾメ

レンプクソウ科 ガマズミ属
旧スイカズラ科
Viburnum phlebotrichum

山地に生える落葉低木。果実は核果。楕円形で秋に赤く熟す。核は1個で広卵形。やや扁平で両面に浅い溝があり、腹面の中央に1個の縦の筋がある。花期は5〜6月。花は小さく紅色を帯びた白色で、枝先にまばらに集まり垂れ気味に咲く。本州（太平洋側）〜九州に分布。

果実は長さ8mmほど。果柄の先にぶら下がる

核の表面は不規則な凹凸があり粗い。核の中に種子は1個入っている

オオカメノキ

レンプクソウ科 ガマズミ属
旧スイカズラ科
Viburnum furcatum

山地に生える落葉小高木。果実は核果で広楕円形。8月頃から赤く色づき、熟すと黒くなるが、花序の枝も赤くなり、赤と黒の二色効果で鳥にアピールする。核は1個。扁平で両面に縦の溝がある。花期は4〜6月。花は白色で小さく、多数集まり周りを装飾花が囲む。北海道〜九州に分布。

果実は長さ8〜10mm。別名はムシカリ

核は果実のわりに大きい。腹面の縦の溝は深め

ヤブデマリ

レンプクソウ科 ガマズミ属
旧スイカズラ科
Viburnum plicatum var. *tomentosum*

山地の沢沿いなど湿った所に生える落葉小高木。果実は核果で楕円形。8月頃から赤く色づき黒く熟すが、花序の枝も柄も赤くなる。核果に核は1個。核には幅の広い溝がある。花期は5〜6月。花は白色で小さく、多数集まり周りを装飾花が囲む。本州（太平洋側）〜九州に分布。

果実は長さ5〜7mmでオオカメノキより小さい

核は平たく小さめで、小鳥にも食べられる

マツムシソウ目

25

マツムシソウ目

ガマズミ　レンプクソウ科 ガマズミ属　*Viburnum dilatatum*
旧スイカズラ科

山野に生える落葉低木。果実は核果で卵形。秋に赤く熟し酸味があり食べられる。核果に核は1個。核は広卵形で先がとがり、縦に浅い溝がある。鳥や動物にもよく食べられる。花期は5〜6月。白い小さな花が枝先に散房状に集まって咲く。北海道（西南部）〜九州に分布。

核。果実とともに鳥や動物に食べられ散布される

果実は液質で長さ6〜8mmの卵形

まだ葉が緑色で赤い果実がより目立つ

サンゴジュ　レンプクソウ科 ガマズミ属　*Viburnum odoratissimum* var. *awabuki*
旧スイカズラ科

海岸近くの山地に生える常緑高木。植栽もされる。果実は核果。液質の楕円形で長さ7〜9mm。赤く熟し果序の枝も赤くよく目立つ。核は卵形で両端がとがり、腹面に深い縦溝がある。花期は6〜7月。枝先の円錐花序に白い花を多数つける。本州（関東地方南部以西）〜沖縄に分布。

核はやや平たい。核果に核は1個

赤い果実が名の由来。赤〜黒く熟す

花序は大きく花は小さいが目につく

セリ目

ミツバ
セリ科 ミツバ属
Cryptotaenia canadensis ssp. *japonica*

山野の湿った林縁などに生え、栽培もされる多年草。果実は2個が接合した分果(分離果)。分果は細い円柱形で先端はとがり、縦の隆条が5個ある。セリ科の果実は隆条の谷間(背溝)の下や接合面内部に縦に油管が通るものがあるが、ミツバは2〜9個。北海道〜九州に分布。

分果は細く、果皮は褐色。中に種子は1個で、種子は淡黄緑色

若い果実。分果が2個合わさっている

ウマノミツバ
セリ科 ウマノミツバ属
Sanicula chinensis

山地の林内に生える多年草。果実は分果で2個。分果は卵形で隆条はなくかぎ状の剛毛がある。油管は5個ほど。花期は夏。小散形花序に両性花と雄花が混じる。果実が熟してくると、花より剛毛のある果実のほうが目立つようになる。ほぼ日本全土に分布する。

かぎ状の剛毛のある果皮をとった種子。種皮は暗褐色だが、種子は淡褐色

まだ花も咲いている若い果実

セントウソウ
セリ科 セントウソウ属
Chamaele decumbens

山野の林下に生える小さな多年草。果実は分果。細い円柱形で、隆条は低く表面はなめらか。油管はない。分果は2個接合しているとやや角張る。薄暗い所に生えることも多く、果実期は見過ごしやすい。花期は4〜5月。茎の先の複散形花序に白い小さな花をつける。北海道〜九州に分布。

写真上方のものは分果が2個くっついたままのもの。左下方は1個のもの

若い果実。先端に残った柱頭が目立つ

27

セリ目

ヤブニンジン
セリ科 ヤブニンジン属
Osmorhiza aristata

林内や藪など日陰に生える多年草。果実は分果。線形で先に大きな突起があり基部は細くなる。果皮には刺状の伏毛があって、衣服などにつく。油管ははじめはあるが後になくなる。果実は熟すと2個に分かれる。花期は4〜5月。枝先に白い小さな花をまばらにつける。北海道〜九州に分布。

果実は若いとき緑色だが先端の突起は白い。熟すと全体が暗褐色

花は小さく、長い果実の方が目立つ

ヤブジラミ
セリ科 ヤブジラミ属
Torilis japonica

道端や草地に生える越年草。分果が2個接合した果実は楕円形。全体に刺状の毛が密生する。毛はかぎ状に曲り衣服などによくつく。ひっつき虫の1つ。油管は4〜5個。果実は熟すと2つに分かれる。花期は5〜7月。枝先の複散形花序に白い小さな花を咲かせる。ほぼ日本全土に分布。

上は果皮を剥いた種子。縦の溝がある。下はかぎ状の毛に覆われた果実

果実。この形とよくくっつくことが名の由来

オヤブジラミ
セリ科 ヤブジラミ属
Torilis scabra

道端や草地に生える越年草。果実は分果で2個が接合する。ヤブジラミより少し大きく、刺状の毛が密生、毛の先はかぎ状に曲り、衣服などにつく。果実は熟すと2個に分かれる。ヤブジラミに似ているが、花期はやや早く4〜5月。花や果実は淡紫色を帯びることが多い。本州〜沖縄に分布。

果実。ヤブジラミよりやや大きく、刺状の毛は先端がかぎ状に曲がっている

果実は淡紫色を帯び、花はまばらにつく

セリ目

2個の分果は熟すと分かれる

分果。果皮は微細な突起がある

果皮をとった種子、隆条がある

山地に生える大形の多年草。果実は分果で2個。狭卵形で果皮は凹凸がある。背面ははっきりした5個の隆条になり、隆条の内側は空間がある。油管は6個。花期は夏。花序は総苞片が目立つ。北海道、本州（中部地方以北）に分布。

オオカサモチ
セリ科 オオカサモチ属
Pleurospermum uralense

果実期、薄い果実は風に揺れる

分果の油管は途中でとぎれる

種子。円形でさらに薄い

山野に生える多年草。果実は分果で2個。広倒卵形で平たく背面の隆条は隆起しない。油管は基部まで行かず途中で消えるのも特徴で、セリ科の果実の中でもわかりやすい。花期は春。本州（関東地方以西）〜九州に分布。

ハナウド
セリ科 ハナウド属
Heracleum sphondylium var. nipponicum

果実は大きい翼で風に飛ぶ

分果は背面に数個の隆条がある

種子。アーモンドに似ている

山地のやや湿った所に生える多年草。果実は分果で2個接合している。分果は広楕円形で縁は薄い翼状。油管は6個ある。花期は9〜11月。枝先の複散形花序に白い小さな花を多数つける。本州〜九州に分布。

シラネセンキュウ
セリ科 シシウド属
Angelica polymorpha

セリ目

シシウド
セリ科 シシウド属
Angelica pubescens

分果の腹面（2個が合わさっていた面）は平たく、分果を支えていた細い柄がよく残る

果実は大形の複散形果序にぶら下がるようにつく

山地の草地などに生える多年草。大形になり、茎は太く中空。果実は2個の分果が接合している。分果は広楕円形で背面に3個の隆条があり、縁は薄い翼になる。種子は楕円形。油管は全部で1〜9個ある。花期は8〜10月。果実は晩秋に熟す。本州〜九州に分布。

アシタバ
セリ科 シシウド属
Angelica keiskei

種子と分果。分果は長楕円形で2個が接合しているが、離れるとやや湾曲してくる

若い果実。緑色から淡褐色になる。シシウドより大きい

海岸近くに生える多年草。袋状の葉柄が目立ち、茎を切ると黄色い汁が出る。果実は分果で2個。分果は背面に3個の隆条がある。縁は翼になるがシシウドほど薄くない。油管は全部で6個ほど。花期は6〜10月。本州（房総半島〜紀伊半島、伊豆諸島）、小笠原に分布。

香辛料になるセリ科植物の種子

料理に独特の風味を加えてくれる香辛料。その多くにセリ科植物の果実が使われている。主なものにフェンネル（ウイキョウ）、コリアンダー（パクチー、シャンツァイ）、クミン、アニス、キャラウェイなどがあり、セリの仲間らしい爽やかな香味で魚介類の臭みを消したり、料理の隠し味にするため重宝されている。

フェンネル（*Foeniculum vulgare*）
果実は分離果

ヤマウコギ
ウコギ科 ウコギ属
Eleutherococcus spinosus

山野に生える落葉低木。果実は液果で球形。赤褐色から黒く熟し、先端に花柱が残る。種子はほぼ半円形で、種皮は粗いフェルト状。液果に種子は2個入っている。花期は5〜6月。花は小さく黄緑色で、散形花序に多数つく。雌雄異株。本州（岩手県以南）、四国に分布。

熟した果実は黒く、一見美味しそうだが苦くてまずい

種子の形はほぼ半円形で、あまりばらつきがない。腹面は直線状でへそがある

コシアブラ
ウコギ科 ウコギ属
Eleutherococcus sciadophylloides

山地に生える落葉高木。ウコギ科の中では刺がなく樹皮はなめらか。果実は液果。球形でやや平たく、先端に花柱が残る。種子は半円形で腹面に2個の縦の筋がある。果実に種子は2個ほど。花期は8〜9月。果実は秋に熟す。淡黄色に色づく葉は美しい。北海道〜九州に分布。

果実は紫黒色に熟し、ときに柄も色づく

種子の背面は細く稜になるが、腹面は狭楕円形で幅がある

キヅタ
ウコギ科 キヅタ属
Hedera rhombea

常緑のつる性木本。果実は液果で球形。種子は偏球形でやや凹凸がある。液果に種子は3〜5個入っている。花期は10〜12月。花は小さく黄緑色で、枝先に球状に集まってつき、果実は翌年の春頃に黒く熟す。山野に生え、照葉樹林内などに多い。本州〜九州に分布。

春、常緑の葉の合間に黒く熟した果実が多数つく

果実と種子。果実の上部は花盤と花柱が残り平たい。種子の腹面は平らか鈍稜で、へそがある

セリ目

セリ目

種子。小さな米粒にも似ている。果実は鳥や動物に食べられ、種子は散布される

熟した果実。この後果柄も赤く色づく

ウド
ウコギ科 タラノキ属
Aralia cordata

山野に生える大形の多年草。果実は液果。球形で黒紫色に熟し、その頃には果柄も赤く色づくものもある。種子は長楕円形や倒卵形。種皮はややフェルト状。液果に種子は4〜5個。花期は8〜9月。花は小さく、総状花序の枝先に球形に集まって咲く。北海道〜九州に分布する。

タラノキといえば山菜だが若芽を摘むだけでなく花から種子まで意識したい

果実の黒と果柄の赤の二色効果で鳥を呼ぶ

タラノキ
ウコギ科 タラノキ属
Aralia elata

山野の日当たりのよい所に生える落葉低木。果実は液果。球形で黒く熟し、果柄は赤く色づく。種子は半球形で扁平。種皮はフェルト状。液果に種子は4〜5個入っている。花期は8〜9月。幹の先に大きな複散形花序を出し、小さな花を多数つける。北海道〜九州に分布する。

種子。果実は翌年まで残り、野生動物の冬の食料となって種子は散布される

果実は晩秋から冬に熟す

ハリギリ
ウコギ科 ハリギリ属
Kalopanax septemlobus

山地に生える落葉高木。果実は液果で晩秋に黒く熟し、遅くまで残る。種子は灰褐色。背面に太い稜があり中央はくぼみ、全体的に凸凹している。液果に種子は2個入っている。花期は7〜8月。花は小さく、枝先の散形花序に球形に集まって咲く。北海道〜九州に分布。

チドメグサの仲間

ウコギ科 チドメグサ属（旧セリ科） セリ目

チドメグサ
Hydrocotyle sibthorpioides

オオチドメ
Hydrocotyle ramiflora

ノチドメ
Hydrocotyle maritima

地面を這って広がる小さな多年草。果実は分果で半円形。縦の稜があり2個がくっつく。花は丸く集まり、葉より下に咲く。本州〜沖縄に分布。

地面を這って広がる多年草。果実は分果で半円形。写真は若い果実。先端に柱頭が残る。花茎は長く、花は葉より上に咲く。北海道〜九州に分布。

地面を這って広がる多年草。分果は前2種に似るがやや大きい。全体はチドメグサに似ているが葉に長い毛を散生する。本州〜沖縄に分布。

カクレミノ
ウコギ科 カクレミノ属
Dendropanax trifidus

暖地の照葉樹林内や海岸近くに生える常緑低木〜高木。庭木でもよく見られる。果実は液果。熟すと赤紫色から黒紫色になり、広楕円形で先端に大きな花柱が残る。種子は広楕円形を半分にした形。背面に太い縦の稜がある。花期は夏。本州（関東地方以西）〜九州に分布。

果実。花は上向きに咲くが果期は重そうに垂れる

種子は淡い淡褐色。背面は3稜あるが、真ん中の1個が太い。果実に5個ほど入っている

セリ目

ヤツデ　ウコギ科 ヤツデ属　*Fatsia japonica*

海岸近くの林内などに生える常緑低木。果実は液果でほぼ球形。翌年の春に黒く熟し、先端には花柱が残る。種子はややゆがみのある楕円形で種皮はなめらか。液果に種子は3〜5個。花期は11〜12月。花は小さく白色で球状に集まって多数咲く。本州（茨城県以南の太平洋側）〜沖縄に分布。

果実は先端に数本の花柱が残る。花の時期は上向きだが果実期は重みで果序ごと倒れる

花は両性花。雄しべが伸びた雄性期の花

トベラ　トベラ科 トベラ属　*Pittosporum tobira*

海岸に生える常緑低木。果実は蒴果で1〜1.5cmほどの球形。秋に黄色から黒褐色に熟す。蒴果は熟すと3つに割れ、粘りのある赤い種子を出す。種子はいびつな腎形のほか形はさまざま。花期は4〜6月。花ははじめ白色でのちに黄色みを帯びる。雌雄異株。本州（岩手県以南）〜沖縄に分布。

種子は赤い粘液に包まれる（左）。右は粘液をとったもの

裂開した果実は赤い種子が目立つ

花は径約2cm。雄しべが見える雄花

コウヤボウキ
キク科 コウヤボウキ属
Pertya scandens

山地の明るい林縁などに生える落葉小低木。果実は痩果で、表面に伏毛が密生する。冠毛は淡褐色。ときに赤みを帯び、冬に、細い枝先についた淡紅色の冠毛は枯れ野で目につく。花期は9～10月。筒状花のみが集まった頭花を枝先につける。本州（関東地方以西）～九州に分布。

頭果。やがて総苞が全開し球状になる

痩果に密生する伏毛は上向き。冠毛はかたく、なかなかはずれない

キッコウハグマ
キク科 モミジハグマ属
Ainsliaea apiculata

山地の林縁などに生える小さな多年草。果実は痩果で、冠毛があり倒披針形。数個の縦の筋があり伏毛がある。冠毛は羽毛状で褐色。花期は秋だが、閉鎖花が多く、それだけで果実をつける株もある。閉鎖花は蕾状で、開放花の蕾より長いようだ。北海道～九州に分布。

果実。冠毛は褐色で長さ7～8mm。痩果より長い

痩果は上向きの伏毛があり、着点は白い。頭花1つに3個の痩果がつくが不稔もある

センボンヤリ
キク科 センボンヤリ属
Leibnitzia anandria

山地や丘陵に生える多年草。春と秋と二度花をつける。秋の花は閉鎖花。痩果は線形で、数個の稜と伏毛がある。冠毛は茶褐色で全体が毛槍のような形が目立つ。春の花の痩果は冠毛は短く、全体に小さいようである。北海道～本州に分布。

名の由来の毛槍に似た秋の頭果

秋の花の痩果。下部は細まり小さく曲がる。冠毛は長く、光沢がある

キク目

35

キク目

痩果。上方は腺体がとれたもの。頭果の痩果数は7～11個ほど

若い痩果。熟すと黒褐色になる

ノブキ
キク科 ノブキ属
Adenocaulon himalaicum

山地の林縁などに生える多年草。頭花の中心は両性花で、周りに雌花があり、雌花のみ結実する。痩果は冠毛はなく、扁平なこん棒形で、粘液を出す有柄の腺体が散生する。果実期、痩果は放射状に並び、一見花のよう。花期は8～10月。北海道～九州に分布。

痩果は下部が細くはっきりとした縦の隆条がある。冠毛は痩果よりやや長い

果実期。果序は全体がふわふわになる

アキノキリンソウ
キク科 アキノキリンソウ属
Solidago virgaurea ssp. *asiatica*

山地や丘陵に生える多年草。頭花は筒状花のみ結実し、果実は痩果。倒披針形で淡褐色。縦の稜があり、ときに短毛が散生する。冠毛は痩果より長く汚白色。花期は8～11月。頭花は舌状花も筒状花も黄色で総状に多数つく。秋の草花の代表種。北海道～九州に分布する。

痩果は長さ1.2mm、冠毛は3mmほど。地下茎でふえるが、膨大な数の種子も作る

果実期の様子が名の由来といわれるが…

セイタカアワダチソウ
キク科 アキノキリンソウ属
Solidago altissima

北アメリカ原産の帰化種で多年草。果実は痩果で、倒披針形や円柱形。縦の隆条がある。冠毛は淡い淡褐色。花期は10～11月。頭花は全体が黄色で、枝の上側に偏ってつく。一度侵入すると地下茎を伸ばしてふえ、群生することも多い。ほぼ全国的に見られる。

ノコンギク
キク科 シオン属
Aster microcephalus var. *ovatus*

山野にごくふつうに生える多年草。果実は痩果。扁平で表面に伏した毛がある。冠毛は汚白色で痩果より長く、この冠毛の長さも野菊類を見分けるときのポイントの1つ。地下茎を伸ばしてふえるが、風で種子も飛ばす。花期は8〜10月で秋に咲く野菊の代表種。本州〜九州に分布。

果実期、冠毛が開いて頭果は丸くなる

冠毛は長さ4〜6mm。やや太く、果実からなかなかはずれない

ヒロハホウキギク
キク科 シオン属
Aster subulatus var. *sandwicensis*

北アメリカ原産の帰化種で一年草。雑草扱いされるが、舌状花は淡紫色で小さいながら目につく。花後、舌状部が外側に巻き込み冠毛はすぐには現れない。果実は痩果で数個の縦の稜がある。冠毛は汚白色で痩果よりも長い。花期は8〜10月。本州（関東地方以西）〜沖縄に帰化。

果実期、枝先に丸い頭果がつく

冠毛の長さは痩果の倍ほど。多数の痩果を作るが、しいなも多い

ユウガギク
キク科 シオン属
Aster iinumae

山野にふつうに生える多年草。果実は痩果。狭倒卵形でやや膨らみがある。縁は稜になり果皮にはまばらに毛がある。冠毛はノコンギクのように長くなく、1mmに満たない。花期は7〜10月。地下茎を伸ばしてふえもする。本州（近畿地方以北）に分布。

頭果。長い冠毛はなく周りの総苞が目立つ

痩果は3稜のものもある。冠毛の確認はルーペが必要

キク目

痩果。やや平たく縁は稜になる。冠毛は長さ4mmほど。花は小さいが痩果も小さい

頭果。散房状果序に多数つき、果序には毛がある

ゴマナ
キク科 シオン属
Aster glehnii var. *hondoensis*

山地の草地や道沿いに生えるやや大形の多年草。果実は痩果。倒披針形で冠毛がある。痩果はやや平たく、毛があり腺毛が混じる。花は秋に咲き、小さな花を多数つけ群生していると目を見張るが、花後の果実期の様子は山の秋の終わりを感じさせる。本州に分布する。

冠毛は痩果からはずれやすく、あまり種子散布に役立っているようには見えない

頭果はくずれやすく、気づかないことが多い

ハルジオン
キク科 ムカシヨモギ属
Erigeron philadelphicus

北アメリカ原産の帰化種で多年草。痩果は倒披針形で、まばらに毛がある。冠毛は汚白色で痩果より長い。花期は5〜7月。頭花の筒状花は黄色。舌状花はごく細く白〜淡紅色。両方ともに冠毛がある。雑草としていたる所で見られる。北海道〜九州に帰化。

筒状花の痩果の冠毛は長く2mmほど。舌状花の痩果の冠毛はごく短い

頭果。痩果は飛んでしまったものも多い

ヒメジョオン
キク科 ムカシヨモギ属
Erigeron annuus

北アメリカ原産の一年草または越年草。頭果の筒状花の冠毛は長く、舌状花の冠毛はごく短い。痩果はともに倒披針形、扁平で伏毛がある。ハルジオンによく似ているが、頭花は小さめで茎は中実。花期はやや遅く6〜10月。全国的に雑草として広く見られる。

Gnaphalium affine　キク科 ハハコグサ属　## ハハコグサ

キク目

空き地や道端などでふつうに見られる越年草。全体に毛が多く白っぽく見える。果実は痩果。狭長楕円形で冠毛は黄白色。冠毛ははずれやすく果実期はふわふわとほおける。花期は4～6月だが、ほかの季節にも咲いている。頭花は黄色で枝の先に多数集まって咲く。ほぼ日本全土に分布する。

痩果。果皮は小さな丸い突起に覆われる

果実期、果序は淡褐色になる

冠毛はすぐはずれ、種子を飛ばせそうにない

チチコグサ
キク科 ハハコグサ属
Gnaphalium japonicum

チチコグサモドキ
キク科 ウスベニチチコグサ属
Gamochaeta pensylvanica

ウラジロチチコグサ
キク科 ウスベニチチコグサ属
Gamochaeta coarctata

山野に生える小さな多年草。痩果は狭長楕円形。冠毛は白色ではずれやすい。花期は5～10月。全体が緑白色で褐色の頭花が茎先に集まってつく。ほぼ日本全土に分布。

熱帯アメリカ原産の帰化種で越年草。花期は4～9月。痩果は長楕円形。冠毛は基部が環状につながる。花期は4～9月。頭花は数個ずつ集まる。本州～九州に帰化。

南アメリカ原産の帰化種で一年草または越年草。痩果は長楕円形。冠毛は白色。花期は4～8月。頭花は淡褐色で光沢がある。葉裏は綿毛が密生し真っ白。本州～九州に帰化。

キク目

風の強い海岸の崖に咲くイソギクの痩果は冠毛がなくとも遠く飛ばされる

果実期は筒状の総苞が目立つ

イソギク
キク科 キク属
Chrysanthemum pacificum

海岸の崖地や岩場に生える多年草。果実は痩果。倒披針形でやや曲がり、数個の低い縦の稜がある。冠毛はない。花期は10〜11月。頭花は黄色の筒状花のみで小さく、散房状に多数咲く。細い地下茎を伸ばして広がる。本州（千葉県〜静岡県、伊豆諸島）に分布する。

痩果の先端は斜め切形で、花冠が取れたあとに小さな突起がある

果実期は冠毛もないのでまるで目立たない

リュウノウギク
キク科 キク属
Chrysanthemum makinoi

山地や丘陵に生える多年草。果実は痩果。倒披針形で縦の稜がある。舌状花の痩果、筒状花の痩果はともに冠毛はない。花期は10〜11月。頭花はふつう枝先に1個つく。林縁などで見られる。本州（福島県、新潟県以西）〜九州（宮崎県）に分布。

痩果。冠毛はないが稜があることなどからも、風に乗って種子散布をすると思われる

頭果は小さい鐘形で総苞が残り、中で痩果が熟す

ヨモギ
キク科 ヨモギ属
Artemisia indica

山野にごくふつうに生え、葉を利用することでよく知られる多年草。果実は痩果。線形で灰白色。冠毛はなく両端はぷつんと切ったような切形。中央に縦の稜がある。花期は秋で、頭花は小さく楕円状の鐘形で、中に両性花、縁に雌花がある。本州〜沖縄、小笠原に分布。

マルバフジバカマ
キク科 アゲラティナ属
Ageratina altissima

北アメリカ原産の帰化種で多年草。痩果は線形。暗褐色で光沢があり、4～5個の縦の稜がある。冠毛は淡褐色。花期は9～11月。頭花は白い筒状花のみで、枝先に散房状につく。日当たりのよくない林の中などに生える。北海道～本州の近畿地方にかけて分布を広げている。

果実期、痩果の黒さが目立つ

痩果は2～3mm。在来のフジバカマなどより筒状花の数が多く、頭果は丸くなる

ダンドボロギク
キク科 タケダグサ属
Erechtites hieraciifolius

北アメリカ原産の帰化種で一年草。痩果は細い円柱形。多数の縦の稜があり伏毛がある。冠毛は純白。果実期は全体が白い綿帽子のようになる。花期は9～10月。頭花は筒状花のみ。花冠の上部は淡黄色で上向きに咲く。道端や山地の伐採跡地などに生える。本州～沖縄に帰化。

冠毛は純白で、雑草といわれるが果実期は目を引く

近年至るところで見られるが、長い冠毛で風に乗り分布を広げている

ベニバナボロギク
キク科 ベニバナボロギク属
Crassocephalum crepidioides

熱帯アフリカ原産の帰化種で一年草。痩果は細い円柱形。多数の縦の稜があり伏毛がある。冠毛は純白で痩果からはずれやすい。花期は8～10月。頭花は筒状花のみで、花冠の上部は紅赤色。横向きや下向きに咲く。道端や山林の伐採跡地などに生える。本州～九州に帰化。

花期は横向きや下向きだが果実期は上を向く

痩果はやや赤みを帯びる。冠毛は長く、一見ダンドボロギクに似ている

キク目

フキ
キク科 フキ属
Petasites japonicus

山野に生える多年草。花後、雄株は枯れ、雌株は茎が４０～７０cmほどに伸び上がり白い冠毛が目立つ果実期になる。痩果は細い円柱形で果皮に毛はない。冠毛は純白色。花期は４～５月。山菜のフキノトウは苞に包まれた蕾。葉は花後に出る。本州～沖縄に分布。

冠毛は純白で長く、痩果の3倍ほどもあり、風で遠く飛ばされる

果実期は丈も高くなり、丸い頭果が目立つ

ツワブキ
キク科 ツワブキ属
Farfugium japonicum

海岸の崖や岩の上などに生える多年草。痩果は広線形。数本の隆条があり伏毛がある。冠毛は淡褐色で、長さは痩果と同じかやや長い。花期は１０～１２月。頭花は黄色で太い花茎の先に散房状につく。庭などにもよく植えられる。本州（福島県以南）～沖縄に分布。

痩果は伏毛が多い。冠毛は太めでしっかりしていてすぐにははずれない

丸い頭果は翌春まで残ることがある

ノボロギク
キク科 キオン属
Senecio vulgaris

ヨーロッパ原産の帰化種で越年草。果実は痩果でごく細い円柱形。１０個の稜があり短毛がある。冠毛は痩果より長く白色。暖地では通年花が咲き、花と果実が一緒についていることも多い。頭花は黄色の筒状花のみ。道端などでふつうに見られる。北海道～沖縄まで広く帰化。

痩果は長さ2mmほど。冠毛は5～6mmで、細く柔らかい

花と果実がよく一緒についている

キク目

ヤブタバコ
キク科 ヤブタバコ属
Carpesium abrotanoides

林内や藪などに生える一年草または越年草。痩果は細い円柱形で多数の稜があり、先が細長くとがる。冠毛はなく粘液を出して動物や人にくっついて運ばれる。痩果は淡灰褐色で光沢がある。花期は9～11月。頭花は、放射状に長く伸びた枝に下向きに並んでつく。北海道～沖縄に分布。

果実期。長い枝に頭果が並んで多数つく

痩果は長さ2.5～3mm。嗅いでみると独特の臭気がある

ハキダメギク
キク科 コゴメギク属
Galinsoga quadriradiata

北アメリカ原産の一年草。痩果は狭倒三角形で黒色。果皮に伏毛がある。冠毛は白色で鱗片状。花期は6～11月だが暖地では通年咲く。頭花の舌状花は白く先が3裂し、筒状花は黄色。道端、空き地などいたる所に生える。全国的に広く帰化している。

果実期。冠毛が開いた様子はなかなか美しい

痩果は黒く、冠毛は白色でボリュームがありほかの冠毛をもつ種類と感じが違う

コメナモミ
キク科 メナモミ属
Sigesbeckia glabrescens

山野に生える一年草。果実は痩果で暗褐色。半倒卵形で下部は細くなりやや曲がる。先端は切形。果皮はざらつく。花期は9～10月。頭花は黄色。周りに腺毛のある5個の細長い総苞片があり、果実期にも残る。同属のメナモミ（*S.pubescens*）よりも全体に小形。北海道～沖縄に分布。

果実期。特徴的な総苞片が残る

痩果に冠毛はない。べたつく果序や総苞片で通りがかるものについて運ばれ散布される

43

キク目

ネコノシタ(ハマグルマ) キク科 ハマグルマ属 *Melanthera prostrata*

海岸の砂地を這って広がる多年草。茎や葉には剛毛があってざらつく。果実は痩果で倒三角状。先端はほぼ平たく剛毛がある。痩果は1個ずつ花床の鱗片に包まれ、頭果は全体が独特の形になる。花期は7〜10月。本州（関東地方・北陸地方以西）〜沖縄、小笠原に分布。

痩果は縦の稜があり、先端に剛毛や環状の毛がある

断面の種子。痩果は海流に乗って種子を広げる

頭果。鱗片の中に痩果が包まれ、熟すと落ちる

オオブタクサ キク科 ブタクサ属 *Ambrosia trifida*

北アメリカ原産の帰化種で一年草。果実は偽果で、花後かたくなった総苞が1個の痩果を包みこむ。偽果は倒卵形で先がとがり、その周りに数個の突起がある変わった形。痩果は黒色。花期は7〜9月。雄花は穂状につき、雌花は雄花序の下方の葉腋につく。北海道〜九州に帰化。

黒いものが痩果。下は種子。右下の写真は同属のブタクサ(*A. artemisiifolia*)の果実。総苞が取れかかっている

オオブタクサの若い果実。突起は6個前後ある

ブタクサの果実。苞葉が残る。突起は6個前後

オオオナモミ

Xanthium orientale ssp. *orientale* キク科 オナモミ属

キク目

果苞は大きく、茎に沿ってつきよく目立つ

ひっつき虫の代表格だが軽く、水に浮き流されもする

北アメリカ原産の帰化種で一年草。果苞（雌頭花の総苞が成熟したもの）は楕円形で先端にくちばし状の突起が2個ある。表面にはかぎ状の刺が密生し、ものによくつく。果苞の中に痩果は2個あり、大きさが違うことが多い。花期は8～11月。雌頭花は雄頭花の花序の元につく。北海道～九州まで広く帰化していて、花は目立たないがトゲトゲの大きな楕円形の実はよく目につき、ひっつき虫の代表で子供の遊び道具にもなる。

同じ帰化種のイガオナモミ（*X. orientale* ssp. *italicum*）の果苞。刺には毛や腺毛がある

タカサブロウ
キク科 タカサブロウ属
Eclipta thermalis

水田や湿地などに生える一年草。痩果は倒三角形で両端は切形。粒状の突起が多数あり両側は翼状。先端にごく短い毛があるが長い冠毛はなく、果実は水で流されて散布される。花期は7～9月。筒状花は緑白色で多数、舌状花は白色。本州～沖縄に分布。

緑色の若い果実は周りに総苞片が出ている

痩果。中に種子は1個。帰化種のアメリカタカサブロウ（*E. alba*）の痩果はより小さめ

センダングサの仲間　キク科 センダングサ属

タウコギ
Bidens tripartita

コセンダングサ
Bidens pilosa

アメリカセンダングサ
Bidens frondosa

水田や湿地などに生える一年草。葉状の総苞片は果実期も残り、頭果を囲む。果実は瘦果で逆刺のある芒が2本ある。これで他物に引っかかる。ほぼ日本全土に分布。

熱帯アメリカ原産の帰化種で一年草。頭果は瘦果が球状に集まる。瘦果は線形。4稜があり、逆刺のある3〜4本の芒がある。空き地や崩壊地でよく見られる。

北アメリカ原産の帰化種で一年草。果実は瘦果で逆刺のある2本の芒があり、球状に集まる。やや湿った所や休耕田などに多い。頭花は小さい舌状花がある。

センダングサの仲間の瘦果は平たく、刺のような芒をもつものが多い。これで通りがかるものにくっついて運ばれる戦略だが、そんな中でも最近はコセンダングサが隆盛で、空き地や荒れ地で見かけることが多い。

コセンダングサの頭花。筒状花のみで総苞片は小さい

アメリカセンダングサの瘦果の芒。逆向きの刺がある。クワガタムシの頭部を思わせる

アキノノゲシ
キク科 アキノノゲシ属
Lactuca indica

道端や草地に生える一年草または越年草。痩果は黒色。倒卵形で平たく縁は翼状になり、両面中央に1個の縦の稜がある。痩果の先はくちばし状に伸び、その先に白い冠毛がつく。花期は8〜11月。クリーム色の頭花を茎の上部に円錐状に咲かせる。北海道〜沖縄に分布。

頭果。痩果の黒さが目立つ

痩果は楕円形で黒く、小さなミズスマシに冠毛がついたよう

ヤブタビラコ
キク科 ヤブタビラコ属
Lapsanastrum humile

林縁や林の下などに生える越年草。痩果は赤褐色。線状長楕円形で平たく、縁は翼状。両面にはっきりした数本の稜があり、先端はくぼむ。冠毛はない。花期は5〜7月。頭花は黄色で舌状花のみでできている。花後、果柄は下向きになる。北海道〜九州に分布。

総苞は全開し痩果を落とさんばかりの果実期

痩果の色は明るく、熟期も茎や葉、総苞は緑色で、けっこう目につく

コオニタビラコ
キク科 ヤブタビラコ属
Lapsanastrum apogonoides

水田などに生える越年草。痩果は黄褐色。短毛が密生し両面に数本の稜がある。先端は2個のかぎ状の突起があるが、ないものもある。冠毛はない。花期は3〜5月。頭花は黄色い舌状花のみでできている。田起こし前の水田で見られる。本州〜九州に分布。

花は上向きに咲くが、花後は下向きになる

痩果のかぎ状の突起は、水田などの水に全て流されないためとも思われる

キク目

キク目

痩果の色合いや果皮の様子は独特。冠毛はすぐにははずれない

頭果は球状になり、冠毛の中に痩果が見える

コウゾリナ
キク科 コウゾリナ属
Picris hieracioides ssp. *japonica*

山野の草地に生える越年草。痩果はバナナの形に似ていて赤褐色。毛はなく、数本の縦の筋があり多数の横ひだがある。冠毛は淡い褐色で羽毛状。痩果よりも長い。花期は5〜10月。頭花は黄色で舌状花のみでできている。全体に剛毛が多く触るとざらつく。北海道〜九州に分布。

痩果。冠毛ははずれにくい。雑草とされるがよく見ると頭果はなかなか美しい

頭果は総苞片がそり返り、球状に開く

オニタビラコ
キク科 オニタビラコ属
Youngia japonica

一年草または越年草。痩果は円柱形で両端は細く、やや平たい。褐色で多数の縦の稜がある。冠毛は白色で痩果からはずれにくい。花期は5〜10月だが、暖地では通年咲く。頭花は黄色。舌状花のみでできている。道端や空き地などいたる所に生える。ほぼ日本全土に分布。

痩果はやや平たい。先端は細長く、先に冠毛がつく。冠毛は長さ4〜5mm

果実期。下向きに冠毛が開きはじめた

ヤクシソウ
キク科 アゼトウナ属
Crepidiastrum denticulatum

山地に生える越年草。痩果は線形で先端は細長くなり、縦の稜が数本ある。地色は黒褐色で黄褐色の斑紋がある。冠毛は白色。晩秋に林縁などで、純白の冠毛を開いた果実がよく目につく。花期は8〜11月。黄色の頭花が多数つき、上向きに咲くが花後は下を向く。北海道〜九州に分布。

ノゲシ
キク科 ノゲシ属
Sonchus oleraceus

古くに帰化したとされる越年草。痩果は褐色。平たく、両面に縦溝や筋があり、さらに横筋も多数ある。冠毛は白色で痩果より長い。花期は春だが、日向では通年咲いている。頭花は黄色で花後、総苞は太くなる。別名ハルノノゲシ。ほぼ日本全土に分布。

頭果は球状で毛玉のよう

痩果は倒披針形。下部はやや曲がる。冠毛は長さ6mmほどではずれやすい

オニノゲシ
キク科 ノゲシ属
Sonchus asper

ヨーロッパ原産の帰化種で二年草。痩果はノゲシよりやや大きめで暗褐色。平たく、両面に3個の稜があり、ノゲシのような横筋はない。縁は翼状。冠毛は白色で、細く柔らかい。花期は4〜10月。頭花は黄色。ノゲシによく似ているが、葉の刺は鋭く触ると痛い。北海道〜沖縄に帰化。

頭果。ノゲシによく似ている

痩果はノゲシよりやや色みが濃く、縁が翼状になっている。冠毛は長さ6〜7mm

ハチジョウナ
キク科 ノゲシ属
Sonchus brachyotus

海岸の砂地や礫地、原野などに生える多年草。痩果は線状楕円形でやや平たく褐色。縦の稜や筋があり、横溝もある。冠毛はやや褐色を帯びる。花期は8〜10月。頭花は黄色でノゲシやオニノゲシより大きめ。北海道〜九州に分布するが、古くに帰化したものといわれる。

頭果。前2種と似るが花後の総苞はあまりふくらまない

痩果。縦の隆条がはっきりしている。冠毛は長く、1.3cm前後あり痩果の3倍ほど

タンポポの仲間 キク科 タンポポ属

カントウタンポポ
Taraxacum platycarpum

セイヨウタンポポ
Taraxacum officinale

シロバナタンポポ
Taraxacum albidum

春の野草としておなじみの多年草。痩果は倒披針形。上部に刺状の突起がある。先端はくちばし状に伸び先に冠毛がつく。果実期は一旦倒れた花茎が起きて長く伸び上がり果実を遠くへ飛ばす。

ヨーロッパ原産の多年草。痩果は倒被針形。上部の刺状突起はやや鋭く、長く伸びた先端に冠毛がつく。適応性が強く、単為生殖するので一時は最もよく見られたが、近年は在来種との雑種の方が多い。

草地などに生える多年草。花は白色。痩果は倒披針形で刺状突起があり、くちばし状の部分や冠毛は前2種よりもやや長い。セイヨウタンポポのように単為生殖するが、分布は西日本が中心。

総苞片がそり返らない在来種のカントウタンポポ

カントウタンポポの冠毛つき種子。果実期には茎が高くなるが、種子も長く伸びて冠毛をつけ風で遠くを目指す

カントウタンポポの総苞片はそり返らずセイヨウタンポポはそり返る。シロバナタンポポではわずかに開く程度と、タンポポ類の見分けは総苞片だったが、最近はセイヨウタンポポと在来種との雑種が多く、見分けはむずかしいといわれる。

ニガナ
キク科 ニガナ属
Ixeridium dentatum ssp. *dentatum*

里から山地まで生える多年草。痩果は長楕円形で黄褐色。縦の稜が多数あり、先端は細いくちばし状に伸びてその先に冠毛がつく。冠毛は汚白色で、痩果とほぼ同長。頭花は黄色い舌状花のみで5～7個。枝先に集散状に多数つく。花期は5～7月。ほぼ日本全土に分布する。

頭果。痩果数は少ないが球状に開く

痩果。上部のくちばし部分はタンポポ類ほど長くはない

山野に生える多年草。痩果は線状長楕円形で平たく、はっきりした稜が数個ある。先端は細いくちばし状に長く伸び、先に冠毛をつける。冠毛は白色。頭花は黄色の舌状花のみ。花期は4～7月。北海道～沖縄に分布する。

ジシバリ (イワニガナ)
キク科 タカサゴソウ属
Ixeris stolonifera

葉は薄く、長い柄がある

頭果。冠毛は細く少しの風で飛ぶ

くちばしは痩果部分より長い

葉は薄いヘラ形

頭果。球状についた痩果が見える

くちばしは痩果部分より短い

山野に生える多年草。痩果は線状長楕円形でジシバリによく似ているがやや大きい。先端はくちばし状に伸び、白い冠毛をつける。頭花は黄色の舌状花のみで、葉はヘラ形。花期は4～5月。北海道（西南部）～沖縄に分布する。

オオジシバリ
キク科 タカサゴソウ属
Ixeris japonica

キク目

アザミの仲間 キク科 アザミ属

ノアザミ
Cirsium japonicum

タイアザミ（トネアザミ）
Cirsium nipponicum var. incomptum

ノハラアザミ
Cirsium oligophyllum

山野に生える多年草。痩果はなめらかで縦の筋があり、やや角張る。冠毛は羽毛状。春に咲き、頭花の総苞は粘るのが特徴。

山野に生える多年草。痩果は縦の筋があり表面はなめらか。冠毛は羽毛状で光沢がある。秋に花が咲き頭花の総苞は粘つかない。

山野に生える多年草。痩果はなめらかでノアザミより大きめ。冠毛は羽毛状。花は秋に咲く。頭花は上向きにつき、総苞は粘つかない。

ノハラアザミの種子。冠毛は種子よりはるかに長い

アザミ類のなかでもノアザミ、タイアザミ、ノハラアザミは代表的なものでよく似ている。種子や冠毛もさほど変わらない。しかしそれぞれに、咲く季節、生える場所などに特性がある。一見同じようでも冠毛は微妙に長さが違い、種子はそれなりの性質の情報を持っている。

冠毛の1本1本は羽毛状。1本の毛にさらに多数の毛がついている

フジアザミ
キク科 アザミ属
Cirsium purpuratum

山地に生える多年草。痩果は長さ4mmほど。淡灰褐色で縦の筋があり、表面はなめらか。冠毛は長さ2cm内外。淡褐色でやや光沢がある。花期は8～10月。頭花は下向きに咲く。砂礫地などで見られガレ場などで咲く姿は大形で存在感がある。本州（関東地方、中部地方）に分布。

頭果。痩果は多数つくがしいなも多い

痩果は他のアザミ類に比べやや大きいぐらいだが、冠毛はかなり長い

タムラソウ
キク科 タムラソウ属
Serratula coronata ssp. *insularis*

山地の草原などに生える多年草。果実は痩果。円柱形で毛はなく、縦の細い稜が数個ある。冠毛は羽毛状にならず長さは不揃い。淡褐色でやや光沢がある。花期は8～10月。花はアザミ類に似ていて頭花は筒状花が多数集まるが、葉などに刺はない。本州～九州に分布。

花後の頭花。壺形の総苞が目立つ

痩果は無毛。冠毛はややかたくて、ふわふわしない

オケラ
キク科 オケラ属
Atractylodes ovata

山地や丘陵に生える多年草。果実は痩果。狭楕円形でやや平たく、暗褐色。果皮は長い伏毛が密生する。冠毛は淡褐色で痩果より長く羽毛状。花期は9～10月。頭花は白色か淡紅色。魚の骨のような苞が特徴。草原や林縁などで見られる。本州～九州に分布。

果実期も独特の苞葉は残る

痩果の伏毛は上向き。冠毛は先端が切り揃えたように長さが同じ。冠毛ははずれにくい

キク目

ホタルブクロ　キキョウ科 ホタルブクロ属　*Campanula punctata* var. *punctata*

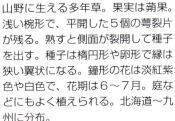

山野に生える多年草。果実は蒴果。浅い椀形で、平開した5個の萼裂片が残る。熟すと側面が裂開して種子を出す。種子は楕円形や卵形で縁は狭い翼状になる。鐘形の花は淡紅紫色や白色で、花期は6〜7月。庭などにもよく植えられる。北海道〜九州に分布。

種子は褐色で縁の色は淡い。果実に多数入っている

果実。萼も落ち種子も出した冬姿

花は鐘形。花後、萼のつけねが膨らむ

ツルニンジン　キキョウ科 ツルニンジン属　*Codonopsis lanceolata*

林の縁などに生える、つる性の多年草。果実は扁球形の蒴果で、周りに5個の萼裂片が残る。蒴果の先はくちばし状に裂開して、翼のある種子を出す。花期は8〜10月。北海道〜九州に分布。よく似ていて稀なバアソブ（*C. ussuriensis*）は種子の形が違い、葉裏に毛が密生する。

種子は淡褐色。翼は薄く、片側につき種子より大きい

先が3裂して種子を出し終えた果実

バアソブ。種子は縁の一部が翼状になる

Adenophora triphylla var. *japonica* キキョウ科 ツリガネニンジン属 **ツリガネニンジン**

山野に生える多年草。果実は蒴果。広楕円形で、先端に残る細い萼片が目立つ。蒴果は熟すと先が閉じ、つけねの方に3個の穴が開いて種子を出す。種子は長楕円形で種皮はなめらか。花は鐘形で数個が茎に輪生して下向きに咲く。花期は8～10月。北海道～九州に分布。

種子は小さく、果実に多数入っている

花は下向きに咲き、果実も下向き

熟果。つけねの一部がそり返り穴が開く

Triodanis perfoliata キキョウ科 キキョウソウ属 **キキョウソウ**

北アメリカ原産の帰化種で一年草。果実は蒴果。円筒形で先端に3～5個の萼片が残る。果実が熟すと側面に2～3個の穴が開き、多数の種子を出す。種子は広楕円形。茶褐色でつやがある。花期は5～7月。茎の下部に多数の閉鎖花をつけた後、上方にふつうの花をつける。

種子を出す穴が開いた閉鎖花

種子を出す穴を覆っていたのは子房の壁。くるくると上にめくれて穴が開く。種子は小さく多数入っている

キク目

キク目／モチノキ目

種子。小さく濃褐色。一部、または片側が翼状になるが、遠くに飛ぶには有効に見えない

若い果実。上部に萼裂片が残り、熟すと藍色になる

キキョウ
キキョウ科 キキョウ属
Platycodon grandiflorus

山地の草原に生える多年草。よく栽培され花屋でも見かける一方、自生は減っている。果実は蒴果。倒卵形で若いものはなめらかだが、後に5個の縦の稜が出る。上部はとがり、5裂して種子を出す。種子は倒卵形や楕円形で一部に翼がある。花期は7〜9月。北海道〜九州に分布。

右は外果皮をむいた果実。コルク質の内果皮は縦に筋がある。中に核は1〜2個（左が核）。

果実。砂浜にはコルク質型、海岸崖には果肉型が多い

クサトベラ
クサトベラ科 クサトベラ属
Scaevola taccada

南西諸島の海岸に生える常緑低木。果実はほぼ球形の核果で、白色。核も球形で合わせ目のような隆条があり、全体に不規則な浅いへこみがある。内果皮にはコルク質型と果肉型があり、それぞれ海流と鳥によって散布される。花期は3〜10月。九州（種子島）〜沖縄、小笠原に分布。

核。形や凹凸の具合はキイチゴ類の種子に似ている

果実は径7〜10mm。味はおいしくない

ハナイカダ
ハナイカダ科 ハナイカダ属
旧ミズキ科
Helwingia japonica

山地に生える落葉低木。果実は核果。球形で夏から秋に黒く熟す。核は長楕円形で表面に網目状の凸凹がある。核果に核は3〜4個入っている。花期は4〜6月。雌雄異株。花は淡緑色で葉の中央脈上につく。雄花は数個、雌花はふつう1個つく。北海道（南部）〜九州に分布。

ウメモドキ
モチノキ科 モチノキ属
Ilex serrata

山地の湿った所に生える落葉低木。果実は核果。球形で秋に赤く熟し、落葉後もよく残り目立つ。核は細い三角状楕円形。核果に核は4〜5個。核の中に種子は1個入っている。花期は5〜7月。雌雄異株。花は淡紅色で、雄花は葉腋に多数つき、雌花は2〜4個つく。本州〜九州に分布。

果実は径約5mm。葉の間に見えるのも美しい

核。表面はなめらか。小さな果実に4〜5個も詰まっている

モチノキ目

ソヨゴ
モチノキ科 モチノキ属
Ilex pedunculosa

山地に生える常緑小高木。果実は核果。球形で秋に赤く熟す。核は三角状楕円形で表面はなめらか。核果に核は4〜5個入っている。花期は6〜7月。雌雄異株。花は白色で雄花は数個つき、雌花は1個つく。花柄は長く途中に小さい苞葉がある。本州(関東地方、新潟県以西)〜九州に分布。

果実は径8mmほど。長い果柄でぶら下がる

核。背面は丸みがある。核の中に種子が1個入っている

モチノキ
モチノキ科 モチノキ属
Ilex integra

山野に生える常緑高木。果実は核果。球形で晩秋に赤く熟す。核は三角状楕円形で、縦の溝や稜が多く複雑にくぼむ。核果に核は4個入っている。花期は4〜5月。雌雄異株。花は黄緑色で雄花は葉腋に多数つき、雌花は1〜4個つく。本州(宮城県、山形県以西)〜沖縄に分布。

果実は径1cmほどとこの仲間では大きい

核はみかんの房のような形で縁は鋭い。背面は溝状にくぼむ

モチノキ目

ナス目

クマの糞に多数の核が見られることがある。核の中に種子は1個

果実は径約7mm。冬によく目立つ

アオハダ
モチノキ科 モチノキ属
Ilex macropoda

山地に生える落葉高木。果実は核果。球形で秋に赤く熟す。核は半長楕円形で、数条の縦の稜が目立つ。核果に核は4〜5個入っている。花期は5〜6月。雌雄異株。花は小さく緑白色で、雄花は短枝の先に多数咲くが、雌株では花数は少ない。北海道〜九州に分布。

果実はまずいが、野生動物の糞の中には核が見られる

果実は径約6mm。つぶすと黒い果汁が出る

イヌツゲ
モチノキ科 モチノキ属
Ilex crenata var. crenata

山地に生える常緑小高木。果実は核果。球形で秋に黒く熟す。核は三角状楕円形で丸みがあり、数本の縦の筋がある。核果に核は2〜3個入っている。花期は6〜7月。雌雄異株。花は黄白色で、雄花は葉腋に数個つき、雌花は1個つく。本州〜九州に分布。

種子は暗褐色。花は上向きに咲くが、果柄は萼のつけねで強く下向きになる

若い果実。果実や萼は毛が多い。左上は花

アオイゴケ
ヒルガオ科 アオイゴケ属
Dichondra micrantha

地表を這って広がる多年草。果実は分果（分離果）で2個並び下向きにつく。分果は球形で毛があり種子は1個入っている。種子は広倒卵形。花期は4〜8月。花は小さく径3mmほど。淡黄色で葉のつけねにつく。葉は腎円形。本州（西南部）〜沖縄に分布。

コヒルガオ
ヒルガオ科 ヒルガオ属
Calystegia hederacea

道端や草地に生えるつる性の多年草。果実は蒴果で球形。種子は黒色でいびつな楕円形。低い突起が散生し、ざらつく。蒴果に種子は2〜4個。花期は6〜8月。花は淡紅色でろうと形。よく似たヒルガオとともにめったに結実しないが、稀に見られる。本州〜九州に分布。

コヒルガオを見つけたら実を探すのも楽しみ

種子。へそは半円形で淡褐色。浅くくぼむ

ハマヒルガオ
ヒルガオ科 ヒルガオ属
Calystegia soldanella

海岸の砂地に生えるつる性の多年草。果実は蒴果。ほぼ球形で先端は突起状になる。種子はいびつな楕円形でへその部分はへこむ。表面はなめらか。蒴果に種子は4個入っている。花期は5〜6月。花は淡紅色でろうと形。海浜植物らしく葉は厚くつやがある。北海道〜沖縄に分布。

果実はやや大きく、苞や萼片が残る

種子。コヒルガオと似るが、水に浮き海流散布される。コヒルガオの種子は水に沈む

ネナシカズラ
ヒルガオ科 ネナシカズラ属
Cuscuta japonica

山野に生えるつる性の寄生植物。果実は蒴果。卵形ではじめ先端に花冠が残る。熟すと横に裂けて種子を出す。種子は半円形や楕円形。へその部分は小さくとがる。花期は8〜10月。花は白く鐘形。種子が発芽して寄主に巻きつくと根は枯れる。北海道〜沖縄に分布。

赤く色づいてきた若い果実

種子は果実に2〜4個入っている。扁平なものや、丸みのあるものもある

ナス目

ナス目

種子。表面はなめらかで、へそは大きい

果実はやや先がとがる

ヨルガオ
ヒルガオ科 サツマイモ属
Ipomoea alba

熱帯アメリカ原産のつる性の一年草。果実は蒴果で下向きに熟す。種子は楕円形。蒴果に種子は2〜4個。花期は8〜10月。花は白く大形の高杯形で夕方から咲く。

種子はアサガオに似るがやや小さい

今にも割れそうな果実

マルバアサガオ
ヒルガオ科 サツマイモ属
Ipomoea purpurea

熱帯アメリカ原産のつる性の一年草。果実は蒴果。球形で下向きに熟す。種子は6個。花期は7〜9月。アサガオに似るが葉が円い。園芸用に移入され野生化している。

種子はよく見ると毛がある

果実は上を向く

アサガオ
ヒルガオ科 サツマイモ属
Ipomoea nil

果実は蒴果で球形。種子は黒く短毛が散生する。蒴果に種子は6個。花期は7〜9月。原産地ははっきりしないが古くには薬用、また園芸種としても多様に栽培される。

種子。毛が密生するのが特徴。腹面は鈍稜

大きく開いた果実。波を待つ

グンバイヒルガオ
ヒルガオ科 サツマイモ属
Ipomoea pes-caprae

砂浜に生えるつる性の多年草。果実は蒴果でほぼ球形。種子は4個。種皮はかたく黒褐色の毛が密生し、海流で散布される。花期は5〜8月。本州（南部）〜沖縄、小笠原に分布。

ワルナスビ
ナス科 ナス属
Solanum carolinense

北アメリカ原産の帰化種で多年草。果実は液果。球形で黄色に熟す。種子は広楕円形で平たい。果実に種子は多数入っている。花期は6～10月。花は白色や淡紫色。全体に鋭い刺が多い。あまり結実しないが根茎を伸ばしてふえる。北海道～沖縄まで広く帰化。

熟した果実。めったに見られない

種子。種皮は微細な凹凸がある。時間が経つと黄色みが強くなる

道端などに生える一年草。果実は液果。球形で径約8mm。総状に数個つき、黒く熟すが光沢は少ない。種子は多数で球状顆粒を含まない。種子は広倒卵形。花期は8～10月。茎の節間から柄を出し、白い花を数個つける。

イヌホオズキ
ナス科 ナス属
Solanum nigrum

花。花冠は5深裂する　　果実。果柄は少しずつずれて集まる

種子。時間が経つと色は抜けていく

花。やや小さい

果実は小さめで果柄は一カ所に集まる

種子。球状顆粒（写真では3個）を含む

北アメリカ原産の帰化種で一年草。果実は液果。球形で径約6mm。黒く熟す。イヌホオズキよりやや小さく光沢がある。種子は多数で、他に4～10個の球状顆粒を含む。花期は7～9月。花は淡い紫色を帯びるが白花もある。

アメリカイヌホオズキ
ナス科 ナス属
Solanum ptychanthum

ナス目

ヒヨドリジョウゴの仲間　ナス科 ナス属

ヒヨドリジョウゴの仲間は果実や種子はよく似ているが、ヒヨドリジョウゴは町中でも見られ、全体に毛が多く、花は白い。ヤマホロシは山地に生え花は淡紫色、葉の基部は円形。マルバノホロシは山地に生え花は淡紫色だが葉の基部はくさび形。など、毛の有無、花の色や葉の形などが見分けのポイントになる。

ヒヨドリジョウゴの花。花冠はそり返る

ヒヨドリジョウゴの果実。果汁が多く種子は30個以上

ヒヨドリジョウゴ
Solanum lyratum

ヤマホロシ
Solanum japonense

マルバノホロシ
Solanum maximowiczii

果実は液果。球形で径8mmほど。赤く熟す。種子はほぼ円形で平たい。微細な凹凸があり縁は狭い翼状。花は白色。

果実は液果。球形で径6〜7mm。赤く熟す。種子は平たく、円形や楕円形など。微細な凹凸がある。花は淡紫色。

果実は液果。球形で径7〜10mm。赤く熟す。種子は平たく円形や楕円形など。微細な凹凸がある。花は淡紫色。

ナス目

62

Datura wrightii ナス科 チョウセンアサガオ属 **アメリカチョウセンアサガオ**

北アメリカ原産の帰化種で一年草。果実は蒴果。球形で鋭い刺に覆われ下向きにつく。熟すと不規則に割れて種子を出す。種子は腎円形で褐色。花期は8〜9月。花は白いろうと形。近縁のチョウセンアサガオの果実はやや小さく、刺は太く短い。両種とも全草、とくに種子は猛毒。

種子。へその部分の白い付属物は時間が経つとなくなる

チョウセンアサガオ(*D.metel*)の果実は小さめ

果実。径5cmほど。刺はそれぞれがほぼ同長

Lycium chinense ナス科 クコ属 **クコ**

藪や土手などに生える落葉低木。果実は液果。楕円形で赤く熟す。種子は腎円形や楕円形で平たい。種皮はざらつき感がある。果実に種子は20個ほど入っている。花期は7〜11月。葉のつけねに1〜3個の淡紫色の花をつける。身近でもよく見られる。本州〜沖縄に分布。

種子。淡褐色で、浅い網目模様がある

花は5本の長い雄しべが目立つ

果実。長さは1〜1.3cm

ナス目

ナス目

種子。種皮の網目模様は大きく、肉眼でもわかる　若い果実。萼に包まれて熟す

ハシリドコロ
ナス科 ハシリドコロ属
Scopolia japonica

山地の沢沿いなど湿った所に生える多年草。果実は蒴果。萼に包まれ、球形で熟すと横に割れて上半分がとれる。種子は半円形や腎形。種皮はへこみが多数あり網目状。花期は4〜5月。花は暗紫色で、葉のつけねに1個つき下向きに咲く。全草が猛毒。本州〜九州に分布。

果実はよく残り、他種と種子の散布時期をずらしていると思われる　果実は長さ8〜10mm。肉厚の萼の下につく

ハダカホオズキ
ナス科 ハダカホオズキ属
Tubocapsicum anomalum

山地に生える多年草。果実は液果。ほぼ球形で赤く熟す。種子は円形や広卵形で平たく、網目模様がある。赤い果実は晩秋ときには冬でも残りよく目立つ。花期は8〜9月。葉のつけねに柄のある淡黄色の花を数個つける。果実が萼に包まれないことが名前の由来。本州〜沖縄に分布。

種子。赤いホオズキは人気で、小さな種子もよく知られる　赤く袋状になった萼の中に果実がある

ホオズキ
ナス科 ホオズキ属
Physalis alkekengi var. *franchetii*

庭や畑に植えられる多年草。果実は液果。径1.5cmほどの球形で赤く熟し、花後赤く色づいた萼に包まれる。種子は円形や腎円形で平たく、種皮はざらつき感がある。花期は6〜7月。葉のつけねに白い花が下向きに1個つく。アジア原産といわれるが自生地ははっきりしない。

Paulownia tomentosa キリ科 キリ属 **キリ**
旧ゴマノハグサ科

シソ目

中国中部原産とされる落葉高木。果実は蒴果。卵形で先がとがり、熟すと2裂して多数の種子を飛ばす。種子は小さく長楕円形で、幅広の膜状の翼が数枚ある。翼には横の筋が多数あり、光の加減できらきらと輝く。花期は5〜6月。淡紫色の筒形の花を大形の円錐花序に咲かせる。古くから有用材として栽培され野生化もしている。

種子。果実は大きく、割れると小さな種子が多数さらさらとこぼれる

種子は薄くかたいレースをまとっている

若い果実。長さ3〜4cm。熟すと縦に2裂する

本物の種子果実はどれ？

3つのうち1つだけが本物の種子果実です。
（答えは289ページ）

A

B

C

シソ目

ナンバンギセル　ハマウツボ科 ナンバンギセル属　*Aeginetia indica*

イネ科などに寄生する寄生植物。果実は蒴果で卵球形、萼に包まれたまま熟す。種子はごく小さく、卵形から広卵形で、蒴果に多数入っている。風に飛ぶと粉が舞っているよう。花期は7〜9月。長い花柄の先に淡紫色の花を横向きにつける。ほぼ日本全土に分布。

種子は小さな目の粗いスポンジのようで、いかにも軽く飛んで行きそう

果実の断面。種子が詰まっている

果実は萼の中で熟し、全体は枯れる

ヤセウツボ　ハマウツボ科 ハマウツボ属　*Orobanche minor*

ヨーロッパ原産の帰化種で寄生植物。果実は蒴果で楕円形。種子は倒卵形で大きな網目模様がある。種子はごく小さく、風に飛んで広がる。花期は4〜5月。花は淡黄褐色で紫色の筋があり茎に穂状につく。マメ科のシロツメクサなどに寄生し、キク科やセリ科、ナス科などにも寄生する。

種子。網目模様は一つ一つが薄い翼になっている

若い果実の断面。黄色いのは微細な若い種子

果実期。筒状の枯れた花冠が残る

シソ目

ハエドクソウ
ハエドクソウ科 ハエドクソウ属
Phryma leptostachya ssp. *asiatica*

林の下や林縁に生える多年草。果実は萼果で狭披針形。萼に包まれ、萼の先端の3裂片は刺状で先が曲がる。萼内の果実は狭楕円形。花期は7〜8月。花は唇形で横向きに咲くが、果実は下を向いて茎にぴったりとつく。果実は、紅紫色でかぎ状の刺が目立つ。北海道〜九州に分布。

果実は下向きに茎に沿うようにつく

萼に包まれた果実はかぎ状の刺で人や動物にくっついて運ばれる。萼内の果実はなめらか

トキワハゼ
ハエドクソウ科 サギゴケ属
旧ゴマノハグサ科　サギゴケ科として独立させても可
Mazus pumilus

道端などにふつうに生える一年草。果実は蒴果で扁球形。熟すと2つに割れる。種子はごく小さく表面は凹凸がある。果実に種子は多数。花は小さく淡紫色の唇形花。花後は5裂した萼が目立ち、果実はその中心にある。花期は4〜11月と長く、暖地では通年咲く。ほぼ日本全土に分布。

熟した果実。2裂して種子が出ている

種子は長楕円形。先端が切形や両端がとがるものなどあり、微細な凹凸がある

ムラサキサギゴケ (サギゴケ)
ハエドクソウ科 サギゴケ属
旧ゴマノハグサ科　サギゴケ科として独立させても可
Mazus miquelii

やや湿り気のある草地などに生える多年草。果実は蒴果。扁球形で下半部は萼に包まれ、熟すと2つに割れる。種子は小さく網目模様がある。花期は4〜5月。葉の間から出た花茎の先に紅紫色の唇形花をつける。匍匐枝を出してふえるが種子も多数作る。本州〜九州に分布。

若い果実。萼に包まれるが、萼の方が目立つ

種子は楕円形や倒卵形、角張るものや湾曲するなど、形はさまざま

シソ目

萼は唇形。上唇の先はあまりとがらない。分果の網目模様は粗い　　花後の果実期

ヒメジソ
シソ科 イヌコウジュ属
Mosla dianthera

山野に生える一年草。果実は分果で宿存萼の中に4個できる。分果は卵円形で、果皮は粗い網目模様がある。花期は9〜10月。枝先の花穂に、白または淡紅色の唇形花を多数つける。萼は果実期には長くなる。林の縁などで見られる。北海道〜沖縄に分布。

分果の大きさはヒメジソと同じぐらい。網目模様は深い　　萼は唇形。萼片は上唇の先が鋭くとがる

イヌコウジュ
シソ科 イヌコウジュ属
Mosla scabra

山野に生える一年草。果実は分果で宿存萼の中に4個できる。分果は卵円形で長さ1.3mmほど。果皮は網目模様がある。花期は9〜10月。枝先の花穂に淡紅紫色の唇形花を多数つけ、萼は果実期には長くなる。ヒメジソによく似ている。北海道〜沖縄に分布。

萼と分果。萼は毛が多い。分果は熟すと萼ごと落ちることも多い　　果穂。果実は花の時のまま茎の片側にかたよってつく

ナギナタコウジュ
シソ科 ナギナタコウジュ属
Elsholtzia ciliata

山地の道端などに生える一年草。果実は分果で、花の後に残った萼に4個。分果は狭倒卵形で果皮は細かい網目模様がある。花期は9〜10月。花は大きな苞に覆われ、花後は萼が長くなって苞から出る。全体に強い匂いがあり、それが果期にも残っている。北海道〜九州に分布。

アキノタムラソウ
シソ科 アキギリ属
Salvia japonica

山野の林縁や道端でふつうに見られる多年草。果実は分果。宿存萼の中に4個。萼は唇形で上唇は3本の稜があり内面は白毛が多い。分果は長楕円形。暗褐色に熟す。花期は7〜11月。花は青紫色の唇形花で長い穂にややまばらにつく。本州〜沖縄に分布する。秋とつくが夏から咲く。

果実期。萼は大きく開いている

分果は長楕円形で、腹面はやや稜になる。果皮はなめらかで光沢はない

ミゾコウジュ
シソ科 アキギリ属
Salvia plebeia

やや湿った所に生える越年草。萼は筒状で花後口を閉じるが、果実期には長さが伸びてまた開く。果実は分果。宿存萼の中に4個。広倒卵形で、果皮はいぼ状の突起が散生しざらつく。花期は5〜6月。枝先の花穂に淡紫色の小さな唇形花を多数つける。田の畦などで見られる。本州〜沖縄に分布。

果実期。全体が淡紫色に色づく

分果は口を閉じた萼の中で熟す。分果の中に種子は1個入っている

ウツボグサ
シソ科 ウツボグサ属
Prunella vulgaris ssp. *asiatica*

山野に生える多年草。果実は分果で4個。分果は倒卵形。両面に浅い溝のような縦筋があり、基部にはとがった着点がある。果皮はなめらか。花期は6〜8月。紫色の唇形花を穂状に密につける。花後、萼は口を閉じ果実は中で熟す。日当たりのよい草地などで見られる。北海道〜九州に分布。

かなり果実を落とした晩秋の果穂

分果はなめらかで光沢があり、基部の小さくとがった着点が目立つ

シソ目

シソ目

カキドオシ
シソ科 カキドオシ属
Glechoma hederacea ssp. *grandis*

草地や道端に生える多年草。果実は分果でふつう4個できるが、茎がつる状に伸びて広がる戦略のほうが主力のためか、実らないものも多く1個や2個のものもある。分果は長楕円形。花期は4〜5月。葉腋に淡紫色の唇形花を1〜3個つける。北海道〜九州に分布。

分果は褐色で微細な毛を散生する。基部に白い突起のような着点がある

果実。花後に残る萼の中で熟す。萼は先が5裂する

トウバナ
シソ科 トウバナ属
Clinopodium gracile

やや湿った草地や道端などに生える多年草。果実は分果で、宿存萼の中に4個できる。分果は円形や広倒卵形で基部はややとがる。果皮はなめらか。花期は5〜6月。花は淡紅色の唇形花で、茎に輪状に段々につく。花は小さく目立たない。本州〜沖縄に分布。

分果は褐色。ごく小さいが中に種子は1個入っている

果実期、果穂は長く伸び、萼のみが見える

シモバシラ
シソ科 シモバシラ属
Collinsonia japonica

山地に生える多年草。果実は分果だが1個しか熟さない。分果はほぼ球形で長さは1.5〜2mm。果皮は網目状の筋がある。花期は9〜10月。花は白い唇形花で、花穂の片側に多数つく。萼は鐘形で先は5裂し、果実期には花時の倍くらいの長さになる。本州（関東地方以西）〜九州に分布。

ふつう分果は4個だがシモバシラは1個のみ発育する

宿存萼の中に分果が見える

シソ目

タツナミソウ
シソ科 タツナミソウ属
Scutellaria indica

山地や丘陵に生える多年草。果実は分果で萼の中に4個。分果は卵形で平たく突起が密生する。萼は唇形で先が円く、花後口を閉じ、中の果実が熟すと萼の上唇がはずれ果実が飛び散る。花期は5～6月。花は淡紅紫色の唇形花で細長く、立ち上がって咲く。本州～九州に分布する。

果実期。萼は花期よりもずっと長くなる。

分果はほぼ黒色。萼の上唇がはずれると受け皿のような下唇に4個入っている

ジャコウソウ
シソ科 ジャコウソウ属
Chelonopsis moschata

山地の湿った谷間などに生える多年草。果実は分果で、花後に残る萼の中に4個できる。分果は広楕円形で褐色。乾燥すると半分ほどが平たい翼状になり、縦筋が多数できる。へそは大きい。花期は8～9月。萼は淡褐色で花後に丸くふくらみ、よく目につく。北海道～九州に分布する。

果実期。唇形で大きくふくらんだ萼が目立つ。上唇は3裂する

分果。採取直後（右下）は翼はなく、時間が経つと果皮は筋が多くなり先端は薄い翼になる

メハジキ
シソ科 メハジキ属
Leonurus japonicus

山野に生える越年草。果実は分果。宿存萼の中に4個。分果は3稜形で先端は切形。背面は丸みがある。花期は7～9月。枝の上部の葉のつけねに紅紫色の唇形花を数個つける。萼は筒状で5裂した先端は細くとがり、果実期は目立つ。道端や荒れ地などで見られる。本州～沖縄に分布。

とげとげしい萼の中心に果実が見える

分果は暗褐色でときに黒い斑が見られるが、ないものもある

シソ目

分果。中に種子は1個。基部にアリの好むエライオソームがついている

果実期、毛の多い萼裂片が目立つ

ホトケノザ
シソ科 オドリコソウ属
Lamium amplexicaule

野原や畑に生える越年草。果実は分果（分離花）で4個できる。分果は3稜形。背面は丸く基部は細くなり濃褐色で白っぽい斑が多数ある。花期は3〜6月。花は紅紫色の細長い唇形花で閉鎖花もつく。萼は筒状で花後も残り、果実は宿存萼の中で熟す。別名サンガイグサ。本州〜沖縄に分布。

分果。ホトケノザと同じくエライオソームがある、アリ散布植物

果実期。萼裂片は鋭くとがり花後も目につく

オドリコソウ
シソ科 オドリコソウ属
Lamium album var. barbatum

山野に生える多年草。果実は分果で宿存萼の中に4個できる。分果は3稜形、背面は丸く基部は細くなり、先端は切形。濃褐色で、ときに白っぽい斑がある。花期は3〜6月。茎の上部の葉のつけねに、白色または淡紅色の唇形花を輪生する。北海道〜九州に分布。

分果。背面は丸く腹面の中心線ははっきりした稜になる

花と同様果実も葉の陰だが、萼の中でちゃんとできている

ヒメオドリコソウ
シソ科 オドリコソウ属
Lamium purpureum

ヨーロッパ原産の帰化種で越年草。果実は分果で宿存萼の中に4個。分果は濃褐色で白っぽい斑があり3稜形。基部に白いエライオソームがつきアリを呼ぶ。花期は4〜5月。花は淡紫色の唇形花で、茎の上部の赤紫色を帯びた葉のつけねに輪生する。北海道〜沖縄まで見られる。

キランソウ
シソ科 キランソウ属
Ajuga decumbens

山野に生える多年草。果実は分果で、宿存萼の中に4個できる。分果は倒卵形で丸みがあり、凸凹した編目模様がある。腹面には大形楕円形の着点（へそ）がある。花期は3〜5月。地表に張りつくように葉を広げ、濃紫色の唇形花を咲かせる。公園などでもよく見られる。本州〜九州に分布。

萼に包まれる果実。まだ萼も緑色で若い時期

分果は網目模様がはっきりしている。着点は大きい

ジュウニヒトエ
シソ科 キランソウ属
Ajuga nipponensis

山野に生える多年草。果実は分果で宿存萼の中に4個。狭倒卵形で凸凹した編目模様があり、腹面は半分以上が大形楕円形の着点になっている。キランソウによく似ている。花期は4〜5月。茎の先の花穂に淡紫白色の唇形花が多数つく。全体に毛が多く白っぽい。本州、四国に分布。

花後の様子。萼には長い毛が多い

分果。形や網目模様の様子、着点の大きさなどキランソウによく似ている

カリガネソウ
シソ科 トリポラ属
旧クマツヅラ科
Tripora divaricata

山野の林縁などに生える多年草。果実は分果で、花後に残る萼の中に4個。萼は花時よりも大きく、杯状で先が浅く5裂し分果がよく見える。分果は倒卵形、網目模様があり黄色の腺点がある。腹面の半分以上が楕円形の着点になっている。花期は8〜9月。北海道〜九州に分布。

果実。萼筒は浅く裂片も短くて縦や横の筋がある

分果は黒褐色。肉眼では見えないが黄色い腺点がまばらにある。着点は大きいので目立つ

クサギ シソ科 クサギ属 旧クマツヅラ科 *Clerodendrum trichotomum*

核の背面は丸みがあり腹面は平ら。核の中に種子が1個入っている

萼と果実。果実はつぶすと黒青色の汁が出る

山野に生える落葉低木。花期は7～9月。花は集散花序に多数つき、花冠の白、赤みのある筒部と萼の取り合わせが美しい。果実期、萼は真紅色になり星形に開いて藍色の果実を囲み、こちらも目を引く。果実は核果で核は4個。核は広倒卵形で背面は丸みがあり、粗い網目模様がある。北海道～沖縄に分布。

真紅色の萼は遠目に花のように見える

ハマゴウ シソ科 ハマゴウ属 旧クマツヅラ科 *Vitex rotundifolia*

海岸砂地に生える落葉小低木。果実は核果で径6～7mmの球形。下部は花後に大きくなった萼に包まれる。果実に核は1個。核は球形で4本の浅い溝がある。核に室は4個だが種子は4個できるとは限らず2個のものもある。花期は7～9月。花は淡青紫色の唇形花。本州～沖縄に分布。

果実は軽く、波に乗って散布される。下部を包む萼は不規則に裂ける

核の断面。種子の断面も見える

果実期。萼は大きく果実を包む

シソ科 ムラサキシキブ属　ムラサキシキブの仲間
（旧クマツヅラ科）

シソ目

ヤブムラサキ
Callicarpa mollis

コムラサキ
Callicarpa dichotoma

ムラサキシキブ
Callicarpa japonica

落葉低木。果実は核果。球形で径3〜4mm。下部は毛が密生した萼に包まれる。核は狭楕円形。腹面の縁は平らで、中心にへそがある。核果に核は3〜4個。本州（宮城県以南）〜九州に分布。

落葉低木。果実は核果。球形で径3mmほど。核は楕円形や長楕円形。腹面にやや湾曲し腹面の中心にへそがある。核果に核は4個ほど。花は小さく多数咲く。庭などに植えられる。本州〜沖縄に分布。

落葉低木。果実は核果。球形で径3mmほど。核は狭卵形。腹面は縁に沿って楕円形にやや隆起し中心にへそがある。核果に核は3〜4個。核果は液果状。花は淡紅紫色で小さい。北海道〜沖縄に分布。

シソ目

イワダレソウ
クマツヅラ科 イワダレソウ属
Phyla nodiflora

海岸の砂地や礫地に生える多年草。花序は円柱状で多数の苞が重なるが、果期もそのまま、苞に包まれて果実は熟す。苞は扇形。果実は2個の分果が合わさった広倒卵形。合生面は平らで、縁に沿った溝がある。花期は7～10月。本州（関東地方南部以西）～沖縄に分布。

分果と断面。右中央は苞。苞は扇形で先が少しとがり毛がある。分果は先端に花柱が残る

花は下から咲き進み、下の方は果実になっている

マツバウンラン
オオバコ科 マツバウンラン属
旧ゴマノハグサ科
Nuttallanthus canadensis

北アメリカ原産の帰化種で越年草。果実は蒴果で球形。径2mmほど。花後大きくなった萼に包まれる。種子は角張った楕円形で黒色。果実に種子は多数。花期は4～5月。細い茎の上部に紫色の小さな唇形花をつける。本州（関東地方以西）～瀬戸内海沿岸に帰化。

種子は切り炭のような形。花はごく小さいが種子はさらに小さい

裂開した果実。種子が見える

ホソバウンラン
オオバコ科 ウンラン属
旧ゴマノハグサ科
Linaria vulgaris

ユーラシア原産の帰化種で多年草。果実は蒴果。楕円形で花後に大きくなった萼に包まれる。種子は楕円形で縁は広い翼になり、種子本体や翼にも突起が散生する。果実に種子は多数。花期は7～9月。花は淡黄色の仮面状唇形花で観賞用のものが野生化。北海道～九州で見られる。

種子は細長いものもあるが、いずれも翼は薄く幅広い

萼に包まれた果実。長さ7～10mm

76

シソ目

オオバコ
オオバコ科 オオバコ属
Plantago asiatica

道端や草地などに生える多年草。果実は長楕円形の蒴果。熟すと横に割れ、円錐状の上半分がとれ種子がこぼれる。種子は長楕円形。濡れるとべたつき、衣服や靴について運ばれる。蒴果に種子は5～8個。花期は4～9月。花茎の上部に小さな花をびっしりとつける。北海道～沖縄に分布。

果実は上半分がとれる蓋果でもある

果実の上半分は半透明の帽子のようで、熟期は多数がばらばらはずれる

ヘラオオバコ
オオバコ科 オオバコ属
Plantago lanceolata

ヨーロッパ原産の帰化種で多年草。花期は4～8月。果実は蒴果で卵球形。熟すと横に割れ、上半分がとれて種子を出す。種子は長楕円形。背面は丸く、腹面は平らでへそがある。蒴果に種子は2個。花期は4～8月。花穂は環状の雄しべが目立つ。北海道～沖縄で見られる。

果穂。花時の白い雄しべはなく、少しとまどう

若い種子。先端に花冠が残る。右方は萼。熟すと種子は黒くなる

トウオオバコ
オオバコ科 オオバコ属
Plantago japonica

オオバコよりも大形で、海岸の草地や河川敷に生える多年草。果実は蒴果で楕円形。萼より長く、卵形でやや膜質の萼片が下部に残っている。果実は熟すと横に割れて種子を出す。種子は長楕円形で不規則に角ばる。蒴果に種子は4～12個。花期は5～7月。北海道～九州に分布。

蒴果は横にて割れて種子を出すが上半分は丸みがある

種子は前2種より小さい。種皮は波条の筋があり、濡れるとべたついてくっつく

シソ目

オオイヌノフグリ
オオバコ科 クワガタソウ属
旧ゴマノハグサ科
Veronica persica

種子の腹面は楕円形のくぼみがある。種皮はいぼ状突起が多数ある

果実は大きな萼に包まれ2個くっついているように見える

西アジアが原産とされる帰化種で越年草。果実は蒴果。やや平たい倒心形で縁に毛がある。種子は楕円形。背面は丸く、腹面は平らでくぼみがある。蒴果に種子は12〜16個。春の花としてよく見られ、花期は3〜5月。葉のつけねに青紫色の花をつける。花後も萼は残り果実を抱く。

タチイヌノフグリ
オオバコ科 クワガタソウ属
旧ゴマノハグサ科
Veronica arvensis

種子はごく小さく多数。果実にある腺毛で他物について種子も運ばれる

果実は上向き。熟すと2裂する

ヨーロッパ原産の帰化種で一年草。果実は蒴果。倒心形で平たく縁に腺毛があり、上向きに熟す。種子は楕円形。オオイヌノフグリに似ているがより小さい。蒴果に種子は20個ほど。花期は4〜6月。花は小さく青色で、葉のつけねにつくが目立たない。雑草としていたる所で見られる。

オオカワヂシャ
オオバコ科 クワガタソウ属
旧ゴマノハグサ科
Veronica anagallis-aquatica

種子。水辺に生えるオオカワヂシャは多数の種子を水に流す

若い果実。大きい萼片が目立つ

ヨーロッパ〜アジア原産の帰化種で越年草。果実期も萼は残り、果柄は上を向く。果実は蒴果で球形。種子は楕円形で片面にごく小さな丸い点がある。蒴果に種子は多数。花期は4〜9月。穂状花序に淡紫色の花を多数咲かせる。湿地や水辺に生える。本州（関東地方、中部地方）に帰化。

キツネノマゴ

キツネノマゴ科 キツネノマゴ属

Justicia procumbens var. *procumbens*

道端や林の縁に生える一年草。果実は蒴果で長楕円形。熟すと2つに割れて種子を出す。種子はやや平たく、表面は凹凸がありざらつく。蒴果に種子は4個。花期は8〜10月。穂状花序に淡紅紫色の唇形花をつけるが、穂は萼や苞が密につき、その中に数個が咲く。本州〜九州に分布する。

果穂は萼や苞が密生し果実は目立たない

種子はいびつな心形でへこんだところにへそがあり、両面には稜がある

ビロードモウズイカ

ゴマノハグサ科 モウズイカ属

Verbascum thapsus

ヨーロッパ原産の帰化種で越年草。果実は蒴果。球形で毛が密生し、花後も残る萼に包まれる。萼にも毛が多い。種子は角ばり、凹凸が多い。蒴果に種子は多数。花期は6〜8月。花は黄色で穂状に密につく。大形で全体に毛が多く白っぽい。日本の各地に帰化している。

花の時大きな花穂は目立つが果期もボリュームがある

種子の凸凹は規則的で小さなコーンのよう。葉や花穂は大きいが、そのわりに種子は小さい

イワタバコ

イワタバコ科 イワタバコ属

Conandron ramondioides

山地の湿った岩壁などに生える多年草。果実は蒴果。広披針形で萼よりも長く、ときに先端に細い花柱が残る。種子はごく小さく、狭長楕円形で両端はとがる。花期は7〜8月。冬はしわの多い葉をかたく小さく巻いて越冬する。本州(福島県以南)〜九州に分布する。

蒴果。花の時期は花茎が立つが、果期は下向きに垂れる

種子。花は岩壁の高い所にも群生するが、種子は落ちるだけでなく風で舞い上がると思われる

シソ目

シソ目

種子はごく小さく肉眼では粉のよう。田の畦に多く水田に多数の種子を散らす

果実期も萼は残る

アゼナ
アゼナ科 アゼナ(アゼトウガラシ)属
旧ゴマノハグサ科
Lindernia procumbens

やや湿り気のある所に生える一年草。果実は蒴果で楕円形。熟すと縦に2つに割れる。種子はやや角張った円柱形でごく小さい。花期は8〜9月。花は唇形花で長い柄がある。よく似た帰化種のアメリカアゼナ（*L.dubia* ssp. *major*）の種子は円柱形で小さい。本州〜九州に分布。

種子は浅黄褐色で角張った楕円形長さ0.4mmほど果実に多数入っている

果実は萼に包まれ、萼は5個の稜が目立つ

ウリクサ
アゼナ科 アゼナ(アゼトウガラシ)属
旧ゴマノハグサ科
Lindernia crustacea

やや湿り気のある所に生える一年草。果実は蒴果。楕円形で、ほぼ同じ長さの萼に包まれる。萼は5個の稜が目立つ。種子はごく小さく、表面は突起がある。果実に種子は多数。花期は8〜10月。葉のつけねから花柄を出し、淡紫色の唇形花をつける。北海道〜沖縄に分布。

種子。へそは片側の縁の中央にある。両側が薄く、また長い毛があり風で遠く運ばれる

蒴果。この姿がササゲ豆に似ていることから名がある

キササゲ
ノウゼンカズラ科 キササゲ属
Catalpa ovata

中国原産の落葉高木。栽培されるが川岸などに野生化している。果実は細長い蒴果で、30cm前後。果序にぶら下がり、熟すと縦に2裂して種子を出す。種子は薄いひもを短く切ったような形で、両端に長い毛がある。花期は6〜7月。果実は生薬で梓実と呼ばれ、利尿剤に使われる。

80

モクセイ科 イボタノキ属 **ネズミモチの仲間** シソ目

トウネズミモチ
Ligustrum lucidum

中国原産の常緑小高木。果実は核果で長さ8〜10mmの楕円形。秋〜冬に黒紫色に熟す。ネズミモチよりやや丸みがある。核は長楕円形で腹面側に湾曲し、背面は縦の溝がある。野鳥の好物でよく食べられる。花期は6〜7月。枝先の円錐花序に白い花を多数つける。緑化などに利用される。

ネズミモチより葉は大きく、日にかざすと葉脈が透けて見える

ネズミモチ
Ligustrum japonicum

山地に生える常緑小高木。果実は核果で長さ8〜10mmの楕円形。秋〜冬に紫黒色に熟す。核は狭長楕円形で、腹面はくぼみ背面はときに浅い溝があり全体に表面は粗い。花期は6月。枝先の円錐花序に白い小さな花を多数つける。生け垣や公園などに植えられる。本州（関東地方以西）〜沖縄に分布。

葉は革質で光沢があり、日にかざしても透けない

シソ目

イボタノキ　モクセイ科 イボタノキ属　*Ligustrum obtusifolium*

山野に生える落葉低木。果実は核果。広楕円形で10〜12月に紫黒色に熟す。核は長楕円形で縦の溝がある。核果に核は1〜2個。花期は5〜6月。花は白く小さい。植栽もされるが、最近は外国産のシナイボタの斑入り品種もよく見られる。北海道〜九州に分布。樹皮や枝につくイボタロウムシからイボタ蝋ができる。

核。左は果皮をとったものでほぼなめらか

果実は広楕円形で長さ6〜7mm

花は総状花序に下向きにつく

シナイボタ (*L. sinense*) の果実。プリベットとも呼ばれる

街の中の小さな芽生え

わずかに土がふきだまった所に芽生えた

トウネズミモチの果実は野鳥の大好物。冬の終わり頃、他の木の実が残っていてもこちらはすっかりなくなっている。公園などにもよく植えられ、ヒヨドリが来たりムクドリが群がる。そんな彼らが落とした糞から種子が芽生えているのも、気をつければ見つけられる。街の中でも種子散布はされ、ひっそりと命をのばす双葉がある。

トウネズミモチの木の下に落ちた鳥の糞の中の種子。この種子たちはあまり遠くに運ばれなかった。そんな種子もたくさんある

アオダモ

モクセイ科 トネリコ属

Fraxinus lanuginosa f. *serrata*

山地に生える落葉高木。果実は翼果。倒披針形で短い柄がある。翼は種子の約2.5倍ほどの長さで、全体に縦の筋が多数ある。種子は線状長楕円形。花期は5〜6月。雌雄異株で、果実は夏から秋に熟す。果序に多数つき、また赤紫色を帯びることもあり目につく。北海道〜九州に分布。

若い果実。熟してくると下向きに垂れてくる

翼果。種子は長さ7〜10mm。種子の先に長い翼がつき、風で飛ぶ

マルバチシャノキ

ムラサキ科 チシャノキ属

Ehretia dicksonii

山地などに生える落葉小高木。果実は核果。球形で先が少しとがり、黄色に熟す。核は2個が合わさって球形になる。背面は毛が密生し中央に縦溝がある。腹面（合生面）は平らで中央が浅くえぐれ、ハの字形の白い筋がある。核の中に種子は2個。本州（千葉県以西）〜沖縄に分布。

果実は径1〜1.5cmほど。果序に多数つきよく目立つ

核と種子。核はコルク質で淡褐色の毛が密生し、腹面のハの字形の筋が目立つ。種子は円柱状

モンパノキ

ムラサキ科 キダチルリソウ属

Heliotropium foertherianum

海岸の砂地や礫地に生える常緑低木。果実は核果でほぼ球形。橙黄色から黒色に熟す。核は2個合わさり、背面は数個の筋がある。腹面（合生面）は平らで中央が浅くえぐれる。核の中に小核があり確認したものでは1個。花期は初夏から秋までと長い。種子島以南〜沖縄、小笠原に分布。

果序の枝先は丸まりタコの足のよう。果序は毛が密生する

右から核果、断面、小核、下は萼。核はコルク質で白褐色〜黒色。中に小核がある。萼が残る

ムラサキ目

分果。のちに褐色になる。着点は基部の柄の先にある

4個の分果。分果の中には種子が1個ある

キュウリグサ
ムラサキ科 キュウリグサ属
Trigonotis peduncularis

道端や草地に生える越年草。果実は分果（分離果）で四面体のテトラ形。萼の中にきちんと組み合わせたように4個納まっている。果皮はなめらかでやや光沢がある。花期は3〜5月。花は小さく淡青色で、花穂の先は巻いている。身近でよく見られる。北海道〜沖縄に分布。

分果。着点は大きい。キュウリグサとよく対比されるが分果はまるで違う

やや色づきはじめている4個の分果

ハナイバナ
ムラサキ科 ハナイバナ属
Bothriospermum zeylanicum

道端や草地に生える一年草または越年草。果実は分果で、花後も残る萼の中に4個ある。分果は楕円形で背面は丸く、腹面に楕円形の着点がある。果皮は着点以外は多数の突起がある。花期は3〜11月。キュウリグサに似ているが、花は葉のつけねにつく。北海道〜沖縄に分布。

分果の上面の円い縁取りははじめ緑白色で、萼の中にこれが4個見られる

果柄は下向きで目立たない。写真は下から見たところ

ヤマルリソウ
ムラサキ科 ルリソウ属
Omphalodes japonica

山地に生える多年草。果実は分果。萼の中に分果は4個だが、ときに大きさが違う。分果の上面は円い縁取りがあり、側面に数個の稜がある。花期は4〜5月。花は淡青紫色で総状につく。花後花柄は下を向き、萼は大きくなる。本州（福島県以南）〜九州に分布。

84

リンドウ目

Nerium oleander var. *indicum*　キョウチクトウ科　キョウチクトウ属　**キョウチクトウ**

インド原産の常緑小高木。果実は袋果。細い線形で直立してつく。種子は線形で淡褐色の短毛が密生し、それに続くように長い毛がある。あまり結実しないがよく探せば見つかることがある。花期は6～9月で夏の花として長く咲き続け、庭や公園などに植えられる。

種子は全体が毛に覆われる

果実は細長く長さは10～14cm。全草有毒なので、扱いに注意

果実は縦に裂け、種子が飛び出す

Amsonia elliptica　キョウチクトウ科　チョウジソウ属　**チョウジソウ**

川原の湿った草地などに生える多年草。果実は袋果で細長い円柱形。2個が対でつく。種子は6～8個が袋果の中に1本の棒のように並ぶ。種子は円柱形で、両端は斜めに切った形や切形など。花期は5～6月。茎の上部に青紫色の花を多数つける。本州、九州に分布。

種子はモアレ状の細かい凹凸がある

果実は長さ5～6cm。果皮は灰色

果実は合わせめから裂けて種子を出す

リンドウ目

テイカカズラ　キョウチクトウ科 テイカカズラ属　*Trachelospermum asiaticum*

山野の林内に生える常緑のつる性木本。果実は袋果で細い円柱形。ふつう2個が対でつく。袋果は熟すと縦に裂けて種子を出す。種子は線形で冠毛状の白い毛がつく。晩秋、道端にふわりと落ちている種子を見ることがある。花期は5〜6月。花ははじめ白くやがて淡黄色に変わる。本州〜九州に分布。

果実は15〜25cmもの長さになる　　種子は細く白毛は種子の1.5倍ほどの長さ。白毛は種髪と呼ばれる

ガガイモ　キョウチクトウ科　ガガイモ属　*Metaplexis japonica*
旧ガガイモ科

草地や川原などに生えるつる性の多年草。果実は袋果で広披針形。先がややとがり、表面は凸凹している。種子は平たい楕円形で翼があり、基部には白い毛が多数つき、風でふわふわと飛ぶ。花期は8〜9月。花は淡紅紫色で白い毛が多い。北海道〜九州に分布。

果実は長さ8〜10cm。果皮の内側は強い光沢がある　　白い毛（種髪）は絹のように輝く　　種子は周りが翼になっている

キジョラン
キョウチクトウ科 キジョラン属
旧ガガイモ科
Marsdenia tomentosa

常緑のつる植物。常緑樹林内に生え、木質でつるはかたい。果実は袋果。楕円形で表面に凹凸はない。種子は狭倒卵形で平たく、縁は翼状。基部には白毛（種髪）が多数つき風に飛ぶ。花期は8～9月。葉のつけねに黄白色の小さい花を咲かせる。本州（関東地方以西）～沖縄に分布。

若い果実。果実は長さ13～15cm

枯れ葉に落ちた果実。白い種髪が目につく。種子（円内）の縁は薄い翼状

コバノカモメヅル
キョウチクトウ科 カモメヅル属
旧ガガイモ科
Vincetoxicum sublanceolatum var. *sublanceolatum*

山野に生えるつる性の多年草。果実は袋果。披針形で先が細くとがる。種子は狭倒卵形。平たく、縁は翼状。基部に白い毛（種髪）が多数つく。花期は7～9月。花は暗紅紫色で、葉のつけねから出た花柄の先にまばらにつく。本州（関東地方、中部地方、近畿地方）に分布。

果実は長さ5～7cm。ふつう1個つく

種子は腹面にやや湾曲する。円内は種髪のついた種子。種髪は長い

イケマ
キョウチクトウ科 イケマ属
旧ガガイモ科
Cynanchum caudatum

山地に生えるつる性の多年草。果実は袋果。披針形で先がとがる。種子は倒卵形。平たく、縁は翼状。基部に白い毛（種髪）が多数つく。袋果は熟すと縦に割れ、種子を出す。花期は7～8月。葉のつけねから出た長い花柄の先に、散形状に白い花を多数つける。北海道～九州に分布。

熟しかかった果実。長さは8～11cm

果実の中の種子。種髪はきれいに揃っている。果皮の内側は光沢がない

リンドウ目

87

リンドウ目

リンドウ　リンドウ科 リンドウ属　*Gentiana scabra var. buergeri*

山野に生える多年草。果実は蒴果で、枯れた花冠や萼に包まれ熟すと縦に2裂する。種子はごく小さく、両端は翼になっている。種皮は縦長の網目模様がある。花期は9〜11月。茎の上部や葉のわきに青紫色の花をつける。秋を代表する花で晩秋まで咲く。本州〜九州に分布。

種子は翼があり、風にサラサラ飛ぶ。種皮の網目模様が光る

果実は花冠や萼から突き出て2裂する

花は陽が出ているときだけ開く

フデリンドウ　リンドウ科 リンドウ属　*Gentiana zollingeri*

山野に生える越年草。果実は蒴果。熟すと萼から突き出て先が2裂し、受け皿のようになった中に種子がある。種子は長楕円形でごく小さく、雨で受け皿から落とされる。春に咲く小さなリンドウの仲間で、花期は4〜5月。茎の先に青紫色の花が数個集まって咲く。北海道〜九州に分布。

種子は微細。長楕円形で基部はとがり翼はない

割れた果実に種子が多数入っている

上を向いて雨を待つ果実期の姿

88

ツルリンドウ
リンドウ科 ツルリンドウ属
Tripterospermum trinervium

山地に生えるつる性の多年草。花が終わると果柄は長くなる。果実は液果。楕円形で紅紫色に熟す。果実は枯れた花冠から突き出る。種子は広楕円形で平たく、翼がある。花期は8〜10月。花は淡紫色で葉のつけねにふつう1個つく。林の下などで見られる。北海道〜九州に分布。

果実に種子は50〜60個入っている

種子は稜があり、縁と稜に翼がある

アケボノソウ
リンドウ科 センブリ属
Swertia bimaculata

山地の湿った所に生える一年草または越年草。果実は蒴果で、花後も残る花冠や萼より長く、花冠から突き出る。種子はごく小さく、形はさまざま。蒴果に種子は多数。花期は9〜10月。花冠は5深裂し、裂片の緑色の2つの点と黒紫色の斑点が独特。北海道〜九州に分布。

萼よりも長く突き出た果実

種子は数個の稜があり、網目模様に覆われる

センブリ
リンドウ科 センブリ属
Swertia japonica

山野に生える一年草または越年草。果実は蒴果で花後も残る萼に包まれる。熟すと縦に2裂して種子を出す。種子は広楕円形でごく小さい。花期は8〜11月。花は白く、花冠の裂片には紫色の筋が多数ある。日当たりのよい草地などで見られる。北海道（西南部）〜九州に分布。

若い果実。枯れた花冠や萼に包まれる

種子は微細ながら網目模様がある。果実に種子は多数入っている

リンドウ目

リンドウ目

アカネ　アカネ科 アカネ属　*Rubia argyi*

山野に生えるつる性の多年草。果実は液果状の核果。球形で黒く熟し、2個の分果状に分かれるが、1個のものもある。核果に核は2個。核はほぼ球形で腹面に楕円形の穴があり表面はざらつく。花期は8〜10月で花は黄緑色でごく小さい。染料としてよく知られる。本州〜九州に分布。

核果（右）と核（左）。核果は黒く、染料のアカネ色は根から採る

核の中の種子。腹面に大きな穴がある

花は小さいが実は大きく、よく目につく

クチナシ　アカネ科 クチナシ属　*Gardenia jasminoides*

山地に生える常緑低木。果実は液果。長楕円形で、はっきりした稜が5〜7個あり、先に萼片が残る。種子は多肉な果皮の中に多数入っていて、形は卵形や広楕円形。液果は冬に熟す。花期は6〜7月。香りのよい白い花を咲かせ、庭などにもよく植えられる。本州（静岡県以西）〜沖縄に分布。

果実は鮮やかな橙色と萼片が目立つ

果実は黄色の染料として利用される。種子は90〜100個ほどある

リンドウ目

ヘクソカズラ
アカネ科 ヘクソカズラ属
Paederia scandens

山野に生えるつる性の多年草。果実は球形で中に2個の核があるが、果皮は萼が変化した偽果皮で、2個の核は分果にあたる。分果の中に種子は1個。果実はつぶすと強い臭気がある。花期は8～9月。花は白いろうと形で中心は紅色。町中から山地までよく見られる。ほぼ日本全土に分布。

果実は径5mmほど。秋から冬によく見かける

分果は腹面がくぼむ椀形で表面は粗い

ヤエムグラ
アカネ科 ヤエムグラ属
Galium spurium
var.*echinospermon*

藪などに生えるつる性の一年草または越年草。果実は2個の分果からなり、果皮にかぎ状の刺があって、衣服などによくつく。分果は楕円形で腹面に円い穴がある。分果の中に種子は1個。花期は5～6月。花は小さく黄緑色で花冠は4裂する。身近でよく見られる。ほぼ日本全土に分布。

果実。分果は長径2.5～3mmでかぎ状の刺が目立つ

分果の中の種子。腹面に穴があってへこむ。種皮はなめらか

イナモリソウ
アカネ科 イナモリソウ属
Pseudopyxis depressa

多年草で、山地のあまり日が当たらない道端や林縁の斜面に生える。果実は蒴果でカップ状。縁に5個の萼裂片があり、熟すと蓋がとれるように裂けて種子を出す。種子は縦の溝に覆われ、やや湾曲する。蒴果に種子は4～5個。花期は春。本州（関東地方南部以西）～九州に分布。

蒴果は萼片が花びらのように開く

種子は3稜形だが、縦溝が多く稜は目立たない。先端は平たい

アオキ　ガリア科 アオキ属　*Aucuba japonica* var. *japonica*
旧ミズキ科

照葉樹林内に生え、植栽もされる常緑低木。果実は核果で楕円形。赤く熟す。核は楕円形で大きく両面に浅い縦の溝がある。花期は3〜5月。枝先の円錐花序に小さな花を多数つける。雌雄異株。鳥がよく食べ糞から種子が芽生えるのか、雑木林などでもよく見られる。北海道（南部）〜沖縄に分布。

時間の経過した核。黒褐色になり細くかたくなる

果実断面。左上は果皮をとった新鮮な核

果実は冬から春に熟し、よく目立つ

リョウブ　リョウブ科 リョウブ属　*Clethra barbinervis*

山地に生える落葉小高木。果実は蒴果。球形で毛が密生し下向きに熟す。種子は楕円形や狭卵形で多数。種皮は網目模様があり、縁はフリルのような翼がある。花期は6〜8月。枝先の総状花序に白い小さな花を多数つける。樹皮はまだら模様で美しい。北海道（南部）〜九州に分布。

若い果実は白っぽく、長い花柱が残る

種子の網目模様や翼はときに光に輝く

ウスノキ
ツツジ科 スノキ属
Vaccinium hirtum var. *pubescens*

山地の林内などに生える落葉低木。果実は液果で赤く熟し食べられる。液果は5個の稜がありやや角ばる。種子は半楕円形や半卵形など。種皮は縦長の網目模様がある。花期は4～6月。花は下向きに咲き、鐘形でやや赤みを帯びた黄緑色。北海道～九州（北部）に分布。

花は下向きに咲くが果実は上や横を向く

種子の形はさまざまで、果実に多数入っている

ツツジ目

アセビ
ツツジ科 アセビ属
Pieris japonica ssp. *japonica*

山地に生える常緑低木～小高木。果実は蒴果。球形で先端に長い花柱が残る。秋に熟し、熟すと5裂する。種子は線形や披針形など形や大きさに変化が多い。花期は3～5月。枝先に白い小さな花が垂れ下がって咲く。花は壺形。植栽もされる。本州（山形県、宮城県以南）～九州に分布。

果実はそれぞれ上向きになる

種子は湾曲するものが多い。果実に70～80個入っている

ハナヒリノキ
ツツジ科 イワナンテン属
Eubotryoides grayana var. *grayana*

山地に生える落葉低木。果実は蒴果。つぶれたような球形で5室にくびれ、熟すと室ごとに裂ける。種子はごく小さく長楕円形や線形。果実に多数つまっている。花期は6～7月。枝先に長い総状花序を斜め上向きに出し、淡緑色の壺形の花を多数つける。北海道～本州（近畿地方以北）に分布。

花は下向きに咲き、果実は上向き。長い花柱が目立つ

種子は網目模様があり、両端に透明な膜状の突起が多数ある

ツツジ目

種子。果実が5裂して出てくる。種子は茶褐色でやや光沢があり、種皮は多数の縦の筋がある

果実は長さ8〜13mm。中軸に多数の種子がつく

ヤマツツジ
ツツジ科 ツツジ属
Rhododendron kaempferi var. *kaempferi*

丘陵や山地に生える半落葉低木で、植栽もされる。果実は蒴果。長卵形で長い毛が密生し、熟すと裂開して種子を出す。種子は長楕円形や三角状など、形はさまざまで翼はない。花期は4〜6月。種子を落とした蒴果は木化して翌春まで残る。北海道（南部）〜九州に分布。

種子。翼は薄く、両端が長いが一部欠けているものもあり、形はいろいろ

5裂した果実。開く前は長さ2〜3cmほど

レンゲツツジ
ツツジ科 ツツジ属
Rhododendron molle ssp. *japonicum*

山地や高原などに生える落葉低木。果実は蒴果。円柱状で褐色の毛が密生する。熟して裂開すると中心の中軸が目立つ。種子は薄く、楕円形で周りに不規則な翼がある。花期は5〜6月。野生のツツジ類の中では、花、果実とも大きい。有毒植物としても知られる。本州〜九州に分布。

種子は広線形で背面がやや厚く、種皮は部分的に網目模様がある

若い果実。秋に熟すと5裂し、一見花のよう

ドウダンツツジ
ツツジ科 ドウダンツツジ属
Enkianthus perulatus

山地に生える落葉低木。果実は蒴果で長楕円形。果柄とともに上向きにつき熟すと5裂する。種子は広い線形。果実に種子は6〜8個ほど。花期は4〜5月。花は白い壺形で長い花柄があり、枝先に数個が下向きに咲く。自生は稀だが公園や庭などに広く植えられる。本州〜九州に分布。

Pyrola japonica ツツジ科 イチヤクソウ属 旧イチヤクソウ科 イチヤクソウ

林内に生える常緑の多年草。果実は蒴果。平たい円形で径7mmほど。5室にくびれ、熟すと室ごとに裂開して種子を出す。種子は楕円形で両端は翼になる。イチヤクソウ属の植物は緑の葉をもつが半菌従属栄養性で、種子はごく小さく同じ性質のラン類に似る。北海道〜九州に分布。

種子。とても小さく本体より翼の部分が長い

花。花冠は深く5裂し長い花柱が目立つ

果実。花と同じく下向きで花柱が残る

Pyrola asarifolia ssp. *incarnata* ツツジ科 イチヤクソウ属 旧イチヤクソウ科 ベニバナイチヤクソウ

亜高山の林下に生える多年草。果実は蒴果。平たい円形で径7mmほど。5室にくびれ熟すと室ごとに裂ける。種子は線形。本体は楕円形で両端は細い翼状になる。花期は6〜7月。花茎の上部に淡紅紫色の花をつける。花柱は湾曲して長く、果実期も残る。北海道〜本州（中部地方以北）に分布する。

花茎は赤みを帯び、花は下向きに咲く

裂開した果実と種子。果実はウメの花形。曲がった花柱が残る

種子は縦長な網目模様があり、ごく小さい

ツツジ目

ギンリョウソウ　ツツジ科 ギンリョウソウ属　*Monotropastrum humile*
旧イチヤクソウ科

山地の湿った林内に生える菌従属栄養植物。果実は液果で、熟すと茎ごと倒れる。種子は長楕円形でごく小さい。種子散布は、モリチャバネゴキブリやカマドウマ類が担っていることが最近報告された。花期は5〜8月。よく似たギンリョウソウモドキは花が秋に咲き果実は蒴果。

果実は白色で横向きに熟し、裂けない

ギンリョウソウモドキ（*Monotropa uniflora*）の蒴果。上向きにつき裂開する

種子は微細。種皮は大形の網目状で、翼はない

シャクジョウソウ　ツツジ科 シャクジョウソウ属　*Monotropa hypopithys*
旧イチヤクソウ科

山地のやや暗い林内に生える菌従属栄養植物。果実は蒴果で広楕円形。熟すと縦に3〜5裂して種子を出す。種子はとても小さく、本体は球形で両端は細い翼になる。花期は5〜8月。花はやや下向きに咲くが、果期には上向きになって種子を飛ばす。北海道〜九州に分布。

種子。両端の翼は長く糸くずのよう。風にさらさら飛ぶ

果実は上向きで有毛。長さ5〜6mm

花。下向きで複数つく。全体が淡黄褐色

ツツジ目

Ardisia crenata サクラソウ科 ヤブコウジ属 （旧ヤブコウジ科） **マンリョウ**

常緑樹林内に生える常緑低木。果実は核果。径6〜8mmの球形で晩秋に赤く熟し、翌年春まで残る。核は球形で縦の筋が多数ある。花期は7〜8月。花は白く、枝先に散形状につき下向きに咲く。赤い実が美しく縁起物とされ、庭木や鉢植えにされる。本州（関東地方以西）〜沖縄に分布。

核を剥いて取り出した種子。種皮は淡褐色で微細な凸凹があり、ざらつき感がある

赤い実は鳥にもよく食べられる

核果の断面と手前は核。核は小さな手毬のよう

Ardisia japonica サクラソウ科 ヤブコウジ属 （旧ヤブコウジ科） **ヤブコウジ**

山地の林内に生える常緑小低木。果実は核果。径6〜7mmの球形で秋に赤く熟す。核は球形で縦の筋が多数ある。花期は7〜8月。輪生する葉のつけねに白い花を数個下向きにつける。丈も低く下向きにつく果実は地上性の鳥が食べると思われる。北海道（奥尻島）〜九州に分布。

左は核。右は核を剥いて取り出した種子で、マンリョウに似ている

花は葉の陰に咲き果実ほど目立たない

果実は葉陰で見えにくいが赤くつややか

ツツジ目

種子は角ばり、種皮は網目状で白い粉状のものがつく　　果実に種子は多数入っている

クリンソウ
サクラソウ科 サクラソウ属
Primula japonica

山地の湿った所に生える多年草。果実は蒴果。球形で径7mmほど。ほぼ同長の萼に包まれる。種子は四角や六角のサイコロ状で径は0.5mmほど。はっきりした網目模様がある。花期は5〜6月。花は紅紫色。花茎の先に2〜5段に輪生し、多数つく。北海道〜四国に分布。

種子は黒色。果実に25〜30個ほど入っていて直接地面にこぼれ落ちる　　果実。萼片が目立ち、熟すと先が5裂する

コナスビ
サクラソウ科 オカトラノオ属
Lysimachia japonica

平地から山地まで生える多年草。果実は蒴果で、5裂した萼に包まれる。蒴果は球形で長い毛が散生する。種子は三角状楕円形や円錐形。全体に細かい突起のような毛がある。花期は5〜6月。茎は地を這い、葉のつけねに黄色の花を1個つける。北海道〜沖縄に分布する。

種子は黒色。小さく、果実に50〜60個ほど入っている　　果柄は花のときより伸びて斜上する

ギンレイカ
サクラソウ科 オカトラノオ属
Lysimachia acroadenia

山地に生える多年草。果実は蒴果。球形で径5mmほど。熟すと先が5裂して種子を出す。種子は黒色で大形の網目模様がある。花期は6〜7月。枝先の総状花序に白い小さな花をつける。湿った林内などで見られる。別名はミヤマタゴボウ。本州〜九州に分布する。

ハマボッス
サクラソウ科 オカトラノオ属
Lysimachia mauritiana

海岸の岩場や崖などに生える越年草。果実は蒴果で球形。熟すと果皮はかたくなり、先端が小さく5裂して種子を出す。種子は三角状楕円形で大形の網目模様がある。花期は5〜6月。茎の先の総状花序に白い花を多数つける。花後花序は伸びて長くなる。北海道〜沖縄に分布。

果実は種子を出した後冬でも残っている

種子は黒色。果実に60個内外あり、少しずつこぼれる

オカトラノオ
サクラソウ科 オカトラノオ属
Lysimachia clethroides

山野の日当たりのよい所に生える多年草。果実は蒴果。卵球形で長さ約2.5mm。種子は半楕円形で、細いもの角ばるものなどあり、種皮は網目模様がある。花期は6〜7月。茎の先の総状花序に白い花を多数つけ、花序は先が垂れる。地下茎を伸ばしてふえよく群生する。北海道〜九州に分布。

熟して種子を出した果実

種子の形はばらつきがある。果実に種子は20個ほど入っている

ヌマトラノオ
サクラソウ科 オカトラノオ属
Lysimachia fortunei

湿地に生える多年草。水辺などに群生する。果実は花後も残る萼に包まれる。果実は蒴果。球形で径2.5mmほど。種子は倒台形やいびつな楕円形。黒色で網目模様がある。花期は7〜8月。花は白く、直立する総状花序に多数つく。地下茎を横に伸ばしてふえる。本州〜九州に分布。

果実は熟すと先端が裂開して種子を出す

果序と取り出した果実。円内は種子。種子数は15〜20個ほど

ツツジ目

ツツジ目

サワフタギ
ハイノキ科 ハイノキ属
Symplocos sawafutagi

果実断面（左）と核（右）。果実に核は1個。核の中に種子が1個入っている

果実は美しい瑠璃色。鳥もよく食べる

山地に生える落葉低木または小高木。果実は核果。卵円形で長さは7mmほど。秋に瑠璃色に熟す。核は倒卵形で基部は細くなる。花期は5〜6月。枝先に円錐花序を出し白い小さな花を多数つけ、花は長い雄しべが目立つ。谷間の沢沿いなどに多い。北海道〜九州に分布。

マメガキ
カキノキ科 カキノキ属
Diospyros lotus

お馴染みのカキのタネだが、果物のカキに比べると実のわりにタネは大きい

黄橙色の果実は小さく可愛らしい

中国から渡来したとされ、有用樹として栽培される落葉高木。果実は液果。球形で径1〜2cm。秋に黄橙色に熟すが、さらに黒紫色になる頃には甘くなる。種子は半楕円形で平たい。花期は6月頃。雌雄異株で、雄花は小さく雌花は大きめで萼も大きい。未熟な果実から柿渋をとる。

リュウキュウマメガキ
カキノキ科 カキノキ属
Diospyros japonica

マメガキに似ているが、山の林道などで動物糞に見られるのはこちらのカキのタネ

果実はマメガキよりやや大きい

山地に生える落葉高木。果実は液果で径1.5〜2.5cmの球形。秋に黄橙色に熟す。種子はゆがんだ長楕円形で平たい。花期は5〜6月。雌雄異株。雄花は小さく、雌花はやや大きい。果実は野生動物のよい食料で、糞の中に種子がよく見られる。本州（関東地方以西）〜沖縄に分布。

ツツジ目

エゴノキ
エゴノキ科 エゴノキ属
Styrax japonica

山野に生える落葉小高木。果実は蒴果で卵円形。表面に星状毛が密生する。熟すと果皮が縦に裂け種子がむき出しになる。種子はヤマガラの好物で、果皮をむいて食べ、地面に貯食もする。花期は5〜6月。白い花が多数垂れ下がって咲き、植栽もされる。北海道（南部）〜沖縄に分布。

果皮は有毒だがエゴヒゲナガゾウムシが産卵する

種子。ヤマガラは中にいるエゴヒゲナガゾウムシの幼虫も食べる

ハクウンボク
エゴノキ科 エゴノキ属
Styrax obassia

山地に生える落葉高木。果実は蒴果。卵円形で表面に星状毛が密生する。熟すと果皮が縦に裂け、中の種子とともに脱落する。蒴果の中に種子は1個。花期は5〜6月。枝先からやや下垂する総状花序に白い花を多数つけ、花は下向きに咲く。北海道〜九州に分布。

果実は長さ1.5cmほど。エゴノキより大きめ

種子。エゴノキに似ているがやや大きい。円内は種皮をとったもの

オオバアサガラ
エゴノキ科 アサガラ属
Pterostyrax hispida

山地の谷沿いなどに生える落葉高木。果実は花後も残る萼に包まれ、先に長い花柱が残る。果実は核果。狭倒卵形で10個の縦の稜があり、さらに長い毛が密生する。花期は6〜7月。垂れ下がった円錐花序に白い小さな花が多数咲き、美しい。本州〜九州（中北部）に分布。

果実は長さ7mmほど。果序の姿は独特

核は縦の稜が目立つ。中に種子（円内）が1個入っている

101

ツツジ目

ツバキの仲間 ツバキ科 ツバキ属

ヤブツバキ
Camellia japonica

サザンカ
Camellia sasanqua

チャノキ
Camellia sinensis

果実は蒴果。径3～4cmの球形。秋に熟し、果皮は厚く3裂して種子を出す。種子は中軸に丸く集まってつく。

果実は蒴果。径2cmほどの球形で果皮は短毛がある。翌年秋に熟し3裂して種子を出す。種子は2～3個。

果実は蒴果。径2cmほどの扁球形。翌年秋に熟し、3裂して種子を出す。種子はほぼ球形で、2～3個。

裂開する前のヤブツバキの果実。つややかで、花ではないが茶花に利用される

ヤブツバキ、サザンカ、チャノキは種子が大きくヤブツバキから採るツバキ油は有名だが、サザンカ、チャノキの種子からも油が採れる。これらの種子は胚乳はなく2個の厚い子葉からなり、油脂分は子葉に含まれている。

花や葉も美しく花木としてもよく植えられる

ツツジ目

ナツツバキ
ツバキ科 ナツツバキ属
Stewartia pseudocamellia

山地に生える落葉高木。果実は蒴果。卵形で先がとがり、熟すと5裂して種子を出す。種子は倒卵形で背面は丸みがあり、腹面は平らで縁には翼がある。花期は6〜7月。葉のつけねに径5〜6cmの白い花をつける。花や樹皮が美しく庭木にされる。本州（福島県、新潟県以西）〜九州に分布。

果実はかたい木質になる。長さ1.5cmほど

種子。微細な粒状突起が分布し、縁にははっきりした翼がある

ヒメシャラ
ツバキ科 ナツツバキ属
Stewartia monadelpha

山地に生える落葉高木。果実は蒴果。卵形で先がとがり、果皮には白い毛がある。熟すと浅く5裂して種子を出す。種子はナツツバキに似ているがより小さい。花期は5〜6月。葉のつけねに白い花をつける。樹皮は美しく庭木にされる。本州（神奈川県箱根以西）〜九州に分布。

果実は長さ1cmほど。5個の稜がある

種子は狭倒卵形でナツツバキに似るが縁の翼は狭い

サカキ
モッコク科 サカキ属
旧ツバキ科
Cleyera japonica

照葉樹林内に生える常緑高木。果実は液果。径7〜8mmの球形で、晩秋に黒く熟す。種子は円形や卵円形で黒褐色、光沢が強い。果実に種子は9〜15個。花期は6〜7月。花は白色。葉のつけねに1〜3個つき下向きに咲く。神社などによく植えられる。本州（関東地方以西）〜沖縄に分布。

果実は黒くやや光沢があり鳥に食べられる

種子は黒褐色で光沢があり、へその部分はくちばし状になる

103

ツツジ目

山地に生える常緑低木。果実は液果。球形で径5mmほど。秋に紫黒色に熟す。果実に種子は20個内外。花期は3〜4月。雌雄異株。葉のつけねに小さな壺形の花を多数つける。花には臭気がある。本州（青森県以外）〜沖縄に分布。

ヒサカキ
モッコク科 ヒサカキ属
旧ツバキ科
Eurya japonica var. *japonica*

種子は暗褐色。細かい網目模様がある

果実はびっしりつく

葉は先端がとがる

種子はヒサカキと同じく網目模様がある

果実。ヒサカキによく似ている

葉は先端が円みがある

海岸に生える常緑小高木。果実は液果。球形で径5mmほど。翌年秋から冬に熟す。果実に種子は30個内外。花期は11〜12月。雌雄異株。葉のつけねに小さな鐘形の花を多数つける。本州（千葉県以西）〜沖縄に分布。

ハマヒサカキ
モッコク科 ヒサカキ属
旧ツバキ科
Eurya emarginata

種子の先に糸状物が残る。果実が全裂開する頃、種子はこの糸状物でぶら下がる

裂開した果実。種子の先に白い糸状物が見える

モッコク
モッコク科 モッコク属
旧ツバキ科
Ternstroemia gymnanthera

海岸近くに生える常緑高木。果実は蒴果。球形で秋に赤く熟す。果皮はかたく肉厚で不規則に割れて種子を出す。種子は赤く先端がくぼむ。果実に種子は3〜4個。花期は6〜7月。葉のつけねに白い花をつける。花柄はやや上を向き花は下向き。本州（関東地方南部以西）〜沖縄に分布。

ツツジ目

Actinidia arguta マタタビ科 マタタビ属 **サルナシ**

山地に生える落葉つる性木本。果実は液果。広楕円形で先に花柱が残る。秋に緑色に熟し、キウイフルーツに似た味でおいしい。種子は狭楕円形で網目模様がある。液果に種子は多数。花期は5〜7月。雌雄異株または同株。マタタビに似るが果実の形が違う。北海道〜九州に分布。

野生動物の糞の中にも種子が見られる。サルは未熟なうちに食べてしまう

果実。しわが寄るような頃が食べ頃

断面もキウイフルーツ（右）にそっくり

Actinidia polygama マタタビ科 マタタビ属 **マタタビ**

山地に生える落葉つる性木本。果実は液果。長楕円形で萼片が残り、先はとがる。種子は楕円形で網目模様があり、サルナシに似るがやや小さめ。花期は6〜7月。雄株と両性花をつける雌株がある。虫こぶになった果実は漢方に利用される。北海道〜九州に分布。

種子。へその部分が小さくとがる。液果に種子は多数

果実は橙黄色に熟し、あまり甘みはない

マタタビバエに産卵された虫こぶの断面

105

ツツジ目

ツリフネソウ　ツリフネソウ科 ツリフネソウ属　*Impatiens textorii*

山野の湿った所に生える一年草。果実は蒴果。披針形で少し波打ち長さ1〜2cm。熟すと5片にはじけて種子を飛ばす。種子は楕円形で凸凹した斑紋がある。花期は夏。北海道〜九州に分布。山地に多いキツリフネ（*I. noli-tangere*）は、果実は似るが種子はやや小さく色も明るめ。

はじけて丸まった果被片と種子。果実に種子は3個。下はキツリフネの種子。柔らかく爪で押すとへこむ

果実は刺激でもはじけて種子を飛ばし、種子は水に流れて散布される

ヤッコソウ　ヤッコソウ科 ヤッコソウ属　*Mitrastemma yamamotoi*
旧ラフレシア科

スダジイなどの根に寄生する寄生植物。果実は液果で楕円形。種子はごく小さい。花は雄性期から雌性期に移行し、受粉すると柱頭は黒くなる。鱗片葉の内側に蜜を出しアリやハチ類、小鳥を呼ぶ。徳島県、高知県、宮崎県、鹿児島県、屋久島、種子島、奄美諸島、沖縄に分布。

種子はとても小さいが大きな凹凸の網目模様がある

果実断面。種子がつまりねっとりした感じ

雌性期の花。雄芯筒がはずれ白い柱頭が出る

106

サンシュユ
ミズキ科 ミズキ属
Cornus officinalis

中国、朝鮮半島原産の落葉低木～小高木。果実は核果。長さ1.5cmほどの楕円形で秋に赤く熟す。核は楕円形で3個の縦の稜がある。果実に核は1個。果実は薬用にされる。花期は3～4月。葉が出る前に黄色の小さな花を多数咲かせる。薬用として渡来し、花木としても植えられる。

果実は花のわりに大きく、目につく

核。核の中に種子は1個。薬用には核をとりさった果肉を乾燥して利用する

ミズキ目

山野に生える落葉高木。花期は5～6月。果実は径6～7mmの球形で、秋頃までに赤～紫黒色に熟し、花序の枝も赤くなる。果実は核果。核は扁球形で縦の溝があり先端にくぼみがある。核の中に種子は2個。北海道～九州に分布。

ミズキ
ミズキ科 ミズキ属
Cornus controversa

花は白くて小さく多数つく　　果実は二色効果で鳥を呼ぶ　　核。果実に核は1個。核の中に種子は2個

花は黄白色で多数つく　　若い果実。花序が赤くなり目立つ　　核。核の中に種子は2個入っている

山地に生える落葉高木。花期は6～7月でミズキより遅い。果実は径5mmほどの球形。秋までに紫黒色に熟し花序の枝も赤くなる。果実は核果。核は球形で縦筋があり、ミズキのようなくぼみはない。本州～九州に分布。

クマノミズキ
ミズキ科 ミズキ属
Cornus macrophylla

ミズキ目

核は不揃いの溝がある。核の中に種子は1個入っている

果実は甘く、鳥や野生動物に食べられる

ヤマボウシ
ミズキ科 ミズキ属
Cornus kousa ssp. *kousa*

山地に生える落葉高木。果実は核果が集まった集合果。球形で径1.5cmほど。秋に赤く熟し果肉は甘くおいしい。集合果に核は1～5個入っている。花期は5～7月。花は黄緑色で小さく、多数球状につくが、大きな白い総苞が花弁のように見える。植栽もされる。本州～九州に分布。

核。一見コーヒー豆のよう。果実に核は1個。核の中に種子は2個入っている

花も美しいが赤い果実もよく目立つ

ハナミズキ
ミズキ科 ミズキ属
Cornus florida

北アメリカ原産の落葉高木。果実は核果。楕円形で長さは1cmほど。秋に赤く熟す。核は楕円形で縦の溝が1個ある。ヤマボウシに似ているが、果実の形が違う。花期は4～5月。花弁のように見える総苞の中心に黄緑色の小さい花が集まる。庭木や街路樹などでよく見られる。

核と果実。核は長さ6～7mm

果実。果皮はなめらか。熟すと色が濃くなる

ウリノキ
ミズキ科 ウリノキ属
旧ウリノキ科
Alangium platanifolium var. *trilobatum*

山地に生える落葉低木。果実は核果。長さ7～8mmの楕円形で瑠璃色に熟す。核は広倒卵形でやや平たく、不規則な溝やくぼみがある。果実に核は1個。核の中に種子は1個入っている。花期は5～6月。花は白く、花弁が外側に強く巻く、長い黄色の葯が目立つ。北海道～九州に分布。

ウツギ
アジサイ科 ウツギ属
旧ユキノシタ科
Deutzia crenata

山野に生える落葉低木。ウノハナの名でも知られる。花期は5〜7月。枝先に白い花を多数下向きにつける。果実は蒴果。径4〜6mmの椀形。上部は平らで中心に花柱が残る。熟すと花柱の根元が裂開して種子を出す。種子は楕円形で両端は翼になる。北海道〜九州に分布。

若い果実。熟すとかたい木質になり翌春まで残る

種子。花は下向きだが果実は上向きに熟し、風で揺れることに種子を出す

マルバウツギ
アジサイ科 ウツギ属
旧ユキノシタ科
Deutzia scabra

山野に生える落葉低木。果実は蒴果。径3mmほどの椀形で星状毛を密生する。上部は平らで花柱が残り、縁の萼片が目立つ。種子は楕円形や狭卵形など。花期は4〜5月。枝先に白い花を多数つける。花は上向きで平開する。林縁などでよく見られる。本州(関東地方以西)〜九州に分布。

若い果実。熟すと花柱の元が裂開して種子を出す

種子は両端がとがって小さな翼になるが、片方だけとがるものが多い

ノリウツギ
アジサイ科 アジサイ属
旧ユキノシタ科
Hydrangea paniculata

山野に生える落葉低木。果実は蒴果。長さ4〜5mmの楕円形。上部に花柱が残り、熟すとその根元が裂開して種子を出す。種子は線形。両端は細い翼状になる。花期は7〜9月。花は白色で、小さな両性花多数と装飾花をつける。他のアジサイ類と違い花は円錐状につく。北海道〜九州に分布。

若い果実。熟す頃でも装飾花は落ちない

ノリウツギは熟すと果序ごと落ち、風で転がされながら種子をまき散らす

ミズキ目

ミズキ目

タマアジサイ　アジサイ科 アジサイ属　*Hydrangea involucrata*
旧ユキノシタ科

山地の谷間などに生える落葉低木。果実は蒴果。球形で毛があり径3〜4mm。花柱の残る上部が裂開し種子を出す。花柱は2〜3個。種子は楕円形で両端は細い翼状。花期は7〜8月。枝先に紫色の小さな両性花と白い装飾花をつける。本州（宮城県〜紀伊半島）に分布。

種子。ごく小さく形も楕円形のほか角ばるものもある

種子はセロファン包みのキャンディのよう

果実。上部が裂開し花柱は横に開く

ヤマアジサイ　アジサイ科 アジサイ属　*Hydrangea serrata* var. *serrata*
旧ユキノシタ科

山地の沢沿いなどに生える落葉低木。果実は蒴果。楕円形で長さ3〜5mm。上部に萼片が残り3〜4個の花柱がある。熟すと上部が裂開し直立する花柱が目立つ。種子は楕円形で両端は三角状の小さな翼になる。花期は6〜7月。本州（関東地方以西）〜九州に分布。

種子。縦長の網目模様があり風に乗るためといえる

種子。へその部分が小さくとがる

果実。小さな角のような花柱が残る

エゾアジサイ

アジサイ科 アジサイ属
旧ユキノシタ科
Hydrangea serrata var. *yesoensis*

山地に生える落葉低木。果実は蒴果で、長さ3〜6mmの楕円形。上部に萼片が残り、3〜4個の花柱がある。熟すと上部が裂開し種子を出す。種子は楕円形で、両端は小さな翼になる。花期は6〜8月。晩秋の果期にも装飾花が残る。北海道、本州（日本海側）、九州に分布する。

若い果実。花柱は上向きに開くが果実の裂開はまだ

種子はとても小さいが大きな網目模様があり、両端は曲がるものもある

ガクウツギ

アジサイ科 アジサイ属
旧ユキノシタ科
Hydrangea scandens

山地の林縁などに生える落葉低木。果実は蒴果で、長さ3〜5mmの楕円形。下半分は萼に包まれ、果実期にも萼片が残る。熟すと上部が裂開して種子を出し、花柱はそり返る。花柱は3〜4個。種子は稜があり、形はさまざま。花期は5〜6月。本州（関東地方以西）〜九州に分布。

果実はそり返った花柱が目立つ。装飾花の萼片は3個

種子はごく小さく不規則な稜があり、縦の筋もある。翼はない

コアジサイ

アジサイ科 アジサイ属
旧ユキノシタ科
Hydrangea hirta

山地の林内などに生える落葉低木。果実は蒴果。広楕円形で長さ2〜3mm。下半部が萼に包まれ、果実期にも萼片が残る。上部に3〜4個の花柱が残り、熟すと上部が裂開して種子を出す。種子は小さく形はさまざま。花期は6〜7月。花は両性花。本州（関東地方以西）〜九州に分布。

果実の花柱はあまりそり返らない。直立か斜めに開く程度

種子は楕円状や三角状でへそははっきりしている

ミズキ目

ナデシコ目

種子。円内はカワラナデシコ（*D.superbus* var. *longicalycinus*）の種子

熟した果実は先が4つに割れて種子を出す

ハマナデシコ
ナデシコ科 ナデシコ属
Dianthus japonicus

海岸に生える多年草。果実は蒴果。円柱形で花後も残る円筒形の萼に包まれる。種子は広楕円形で薄く、腹面の中心にへそがある。花期は7〜10月。花は紅紫色で花弁の縁は細かく切れ込む。本州〜沖縄に分布。山野に生えるカワラナデシコは花弁の切れ込みがより細かい。

種子は黒色。くびれた所にへそがあり、隆起はそこから放射状に出る

果実。萼筒に包まれる。萼は10個の稜がある

ムシトリナデシコ
ナデシコ科 マンテマ属
Silene armeria

ヨーロッパ原産の帰化種で一年草または越年草。果実は蒴果。長楕円形でほぼ同長の柄があり、ともに宿存萼に包まれ、熟すと先が6裂する。種子は半円形でキクの花形の隆起がある。花期は5〜8月。花は紅紫色で枝先に多数つく。茎の上部の節の下から粘液を出す。川原や道端に野生化している。

果実の断面と種子。果実に種子は30〜40個ほど入っている。種皮はなめらか

若い果実。白い花弁がまだ残る

ナンバンハコベ
ナデシコ科 マンテマ属
Silene baccifera var. *japonica*

山野に生える多年草。果実は蒴果だが肉質の液果状で、楕円形。裂開せず黒く熟す。萼は果期にはほぼ平開する。種子は腎円形で黒く光沢がある。花期は6〜10月。花は横や下向きにつき、花弁は強くそり返り半球形の萼が目立つ。茎はややつや状でよく分枝する。北海道〜九州に分布。

ミミナグサ

ナデシコ科 ミミナグサ属

Cerastium fontanum ssp. *vulgare* var. *angustifolium*

道端などに生える越年草。果実は蒴果。円柱形で萼より長く突き出て先は小さく１０裂する。種子は倒三角形や倒卵形で、いぼ状突起に覆われる。日本全土に分布する。

果実の先はやや上を向く

種子の形はさまざまで果実に多数入っている

オランダミミナグサ

ナデシコ科 ミミナグサ属

Cerastium glomeratum

ヨーロッパ原産の帰化種で越年草。果実は蒴果。円柱形で萼より長く先は小さく１０裂する。ミミナグサによく似ているが種子は小さめで、花は枝先の花序に多数つく。

果実は熟すと半透明になる

種子はいぼ状突起に覆われる

ノミノツヅリ

ナデシコ科 ノミノツヅリ属

Arenaria serpyllifolia

道端などに生える越年草。果実は蒴果。卵形で宿存萼に包まれ、熟すと先が６裂して種子を出す。種子は腎円形でやや厚みがあり凹凸がある。日本全土に分布する。

熟した果実と花

種子は黒色。低い隆起はきちんと並ぶ

ツメクサ

ナデシコ科 ツメクサ属

Sagina japonica

道端などに生える小さな一年草または越年草。果実は蒴果。卵形で萼よりやや長く、熟すと先が５裂する。種子は卵形で黒色。種皮は突起がある。日本全土に分布する。

まだ裂開しない若い果実

種子はごく小さく果実に多数入っている

ナデシコ目

種子は褐色。縁の突起はとがる

果実。白い花柱が残る

ミドリハコベ
ナデシコ科 ハコベ属
Stellaria neglecta

道端などに生える越年草。果実は蒴果。楕円形で宿存萼よりやや長い。種子は円形で両面にいぼ状突起があり、縁にはとがった突起がある。日本全土に分布する。

種子。縁の突起もいぼ状でとがらない

果実は熟すと6裂する

コハコベ
ナデシコ科 ハコベ属
Stellaria media

道端などに生える越年草。果実は蒴果で楕円形。種子はほぼ円形。全体にいぼ状突起がある。花後、果柄は下を向くが果実が熟すと上向きになる。日本全土に分布。

種子は小さく果実に多数入っている

果実。果柄は下向き後上を向く

ノミノフスマ
ナデシコ科 ハコベ属
Stellaria uliginosa var. *undulata*

田畑などに生える越年草。果実は蒴果。楕円形で宿存萼よりやや長い。種子は広楕円形でハコベより小さく、種皮はいぼ状突起に覆われる。日本全土に分布する。

種子は褐色。いぼ状の突起は大小ある

下向きになった果実は目につく

ウシハコベ
ナデシコ科 ハコベ属
Stellaria aquatica

山野に生える多年草。蒴果は卵形で宿存萼よりやや長い。熟すと先が5裂する。種子は腎円形や円形でいぼ状突起がある。この仲間では本種のみ花柱が5個。日本全土に分布する。

ナデシコ目

イノコズチ
ヒユ科 イノコズチ属
Achyranthes bidentata var. *japonica*

林内や藪などに生える多年草。果実は花後閉じた花被（萼）片に包まれ、果軸に下向きにぴったりつく。果実は胞果で長楕円形。果皮は膜質で中に種子が1個ある。花被には細い小苞が2個あり、これで衣服などについて運ばれる。花期は8〜9月。北海道〜九州に分布する。

果穂。果実は下向きにつき、小苞はそり返る

花被が閉じて胞果を包んだもの（上）と種子（下）

アカザ
ヒユ科 アカザ属
旧アカザ科
Chenopodium album var. *centrorubrum*

荒れ地や畑に生える一年草。果実は花後に閉じた花被（萼）片に包まれる。果実は胞果。果皮は膜質で薄く1個の種子を包む。種子は円形でやや平たく光沢がある。花期は9〜10月。花は緑白色で小さく、葉腋や茎先に穂状につく。花弁はなく花被片は5個。北海道〜沖縄に分布する。

果実期、果穂は赤みを帯びる

五角形に見えるのは花被に包まれた果実。種子は薄い果皮に包まれる

アリタソウ
ヒユ科 アカザ属
旧アカザ科
Chenopodium ambrosioides

メキシコ原産の帰化種で一年草。果実は花後も残る花被（萼）片に包まれる。果実は胞果で果皮は薄く1個の種子を包む。種子は円形や腎形。黒く光沢がある。花期は7〜11月。枝先の花穂に緑色の小さい花を多数つける。花穂には葉状の苞がある。道端や荒れ地に生える。

果実期も苞は目立つ

種子と花被に包まれた果実。種子は薄い果皮に包まれる

ナデシコ目

種子と果実。果実は胞果。果皮は薄い膜状で種子を包み果皮と種子は離れている

果穂は熟しても緑色のままで変化がない

イヌビユ
ヒユ科 ヒユ属
Amaranthus blitum

地中海地方原産といわれる帰化種で一年草。果実は広卵形で平たく花被（萼）片が残る。果皮は薄くてしわがあり、熟した後も緑色を保つ。種子は円形。黒く光沢がある。果実に種子は1個。花期は7〜9月。花は緑色で茎の先に密な穂になってつく。下部の葉の先がへこむのも特徴。

種子と果実。果実は灰褐色で熟しても裂開しない

花穂はイヌビユより長く、果実期は褐色を帯びる

ホナガイヌビユ
ヒユ科 ヒユ属
Amaranthus viridis

南アメリカ原産の帰化種で一年草。果実は広卵形。やや平たく、花被片が残り果皮はしわがある。種子はほぼ円形。黒くて光沢がある。果実に種子は1個。花期は6〜10月。花は緑色で茎や枝先に穂になってつき枝を出す。イヌビユより花穂は長く、果実期は褐色になる。道端や畑などに生える。

果実と種子。果実につく小苞は長く花穂や果穂はとげとげしく見える。種子は長さ約1mm

枝を多数出す果穂は先端がやや垂れる

ホソアオゲイトウ
ヒユ科 ヒユ属
Amaranthus hybridus

南アメリカ原産の帰化種で大形の一年草。果実は広卵形で残存する花被や小苞が下部につき、熟すと横に裂開する。種子は1個。種子は円形で黒く光沢がある。花期は6〜10月。花は茎先に穂状に密につき、多くの枝を出し葉腋にもつく。花は緑色、ときに紅紫色を帯びる。

116

ザクロソウ・クルマバザクロソウ
ザクロソウ科 ザクロソウ属
Mollugo stricta ・ *M. verticillata*

ナデシコ目

ザクロソウの果実はほぼ球形の蒴果で径約2mm。種子は腎円形で細かな突起がある。一年草で花期は7～10月。本州～沖縄に分布する。クルマバザクロソウは北アメリカ原産の帰化種で、蒴果は卵状楕円形。種子は腎円形で同心円状の筋がある。一年草で花は葉の基部に束生する。

ザクロソウの蒴果と種子。花弁はなく蒴果は萼が残る。

ザクロソウの花は集散状にまばらにつく

クルマバザクロソウの花と種子（円内）

スベリヒユ
スベリヒユ科 スベリヒユ属
Portulaca oleracea

草地などに生える一年草。果実は蒴果。熟すと横に割れ上部が蓋のようにとれる。種子は歪んだ円形で表面は凹凸がある。花期は7～9月。葉や茎は多肉。北海道～沖縄に分布。

蓋がとれる蓋果でもある

種子はへそに種柄の一部が残る

ハゼラン
ハゼラン科 ハゼラン属
旧スベリヒユ科
Talinum paniculatum

西インド諸島原産の一年草。果実は蒴果。球形で径約3mm。種子は腎円形で細かい突起がある。鉢植えにもされるが道端などに逸出している。花期は8～10月で花は紅紫色。

蒴果は熟すと3裂する

蒴果が熟すと小さな種子ははぜて飛ぶ

ナデシコ目

種子は漆黒で光沢があり、やや扁平

果実期、果序は垂れ下がる

ヨウシュヤマゴボウ
ヤマゴボウ科 ヤマゴボウ属
Phytolacca americana

空き地や道端などに生え、高さ1～2mにもなる大きな多年草。果実は液果。偏球形で径約1cm。黒紫色に熟し、中の種子は10個ほど。種子は腎円形。花は6～9月に咲く。全草が有毒とされるため、果実も注意が必要。北アメリカ原産の帰化植物でアメリカヤマゴボウともいう。

種子はへそを中心に同心円状に筋が並ぶ

果序は熟しても上を向いている

マルミノヤマゴボウ
ヤマゴボウ科 ヤマゴボウ属
Phytolacca japonica

山地の木陰などに生える1m以上に達する多年草。果実は液果でほぼ球形、径8mmほどで黒紫色に熟す。種子数は7個前後。種子は腎円形でやや扁平、黒色でわずかに光沢がある。花は6～9月に咲く。一般に毒性があるとされる。本州（関東地方以西）～九州に分布する。

上の3個はかたい外皮を剥いたもの。下右2個が偽果。偽果は先端がややとがる

かたい偽果を割ると中の種子の胚乳が砕ける

オシロイバナ
オシロイバナ科 オシロイバナ属
Mirabilis jalapa

観賞用に栽培されるが、帰化植物として逸出している多年草。果実は偽果、楕円形で突起があり、5個の太い縦筋がある。偽果のかたい外皮を割ると種子が1個ある。種子の胚乳は白くてすぐ砕け、これを化粧のおしろいに例えて名がある。花期は7～10月。熱帯アメリカ原産。

スイバ
タデ科 ギシギシ属
Rumex acetosa

田の畦などに生える多年草。雌雄異株。雌花は花後、内花被（萼）片3個が翼状に張り出し痩果を包む。痩果は3稜形。両端はとがり光沢がある。北海道〜九州に分布。

翼の中央にこぶはできない

痩果は黒色で光沢が強い

ギシギシ
タデ科 ギシギシ属
Rumex japonicus

やや湿った所に生える多年草。雌雄同株。花後、翼状になった3個の内花被（萼）片は痩果を包む。翼は心形で鋸歯縁。中央はこぶ状にふくれる。ほぼ日本全土に分布。

翼が見分けのポイント

痩果は3稜形で両端はとがり、褐色

エゾノギシギシ
タデ科 ギシギシ属
Rumex obtusifolius

ヨーロッパ原産の多年草。道端などに生える。花後、翼状になった内花被（萼）片は痩果を包む。翼は縁に数個の刺状の突起があり、中央はこぶ状にふくれる。

翼の縁の突起は長い

痩果は3稜形、両端はとがり暗褐色

アレチギシギシ
タデ科 ギシギシ属
Rumex conglomeratus

ヨーロッパ原産の多年草。荒れ地などに生える。花後、3個の内花被（萼）片が痩果を包むが、大きな翼状にはならず全縁でこぶ状のふくらみが目立つ。痩果は3稜形。

果実の翼は目立たない

痩果は前3種と同様、果皮はなめらか

ナデシコ目

ナデシコ目

痩果は黒色で光沢がある

花穂は密に花がつく

イヌタデ
タデ科 イヌタデ属
Persicaria longiseta

道端などにふつうに生える一年草。果実は痩果。花被（萼）は花後も紅紫色のまま痩果を包み、遠目には花か果実かわからない。痩果は3稜形。北海道〜沖縄に分布。

痩果は熟すと黒色になる

花は紅紫色や淡紅色

ハナタデ
タデ科 イヌタデ属
Persicaria posumbu

林内などやや日陰に生える一年草。果実は痩果。花被（萼）は花後も残って痩果を包む。痩果は3稜形で各面はややへこみ、黒く光沢がある。北海道〜沖縄に分布。

痩果は暗褐色で点状の隆起がある

花被は先が赤みを帯びる

ヤナギタデ
タデ科 イヌタデ属
Persicaria hydropiper

水辺に生える一年草。葉に辛みがある。痩果は花後も残る花被（萼）に包まれ、花被は腺点がある。痩果はレンズ形で先がとがり、光沢はない。北海道〜沖縄に分布。

痩果は暗褐色でやや丸みがある

花はまばらにつく

ボントクタデ
タデ科 イヌタデ属
Persicaria pubescens

水辺に生える一年草。花被（萼）は上部が赤く下部は緑色で腺点があり、花後痩果を包む。痩果は3稜形で微細な網目模様がある。光沢はない。本州〜沖縄に分布。

ママコノシリヌグイ
タデ科 イヌタデ属
Persicaria senticosa

道端などに生える一年草。花被（萼）は上部が赤く下部が白色で花後痩果を包む。痩果は広卵形で先端は3稜形。茎に下向きの刺が多い。北海道～沖縄に分布。

果実期だが花のよう

痩果は黒く熟し、光沢はにぶい

ミゾソバ
タデ科 イヌタデ属
Persicaria thunbergii

湿地や水辺に生える一年草。よく群生する。花被（萼）は白～淡紅色で花後も色を残して痩果を包む。痩果は3稜形で先が急にとがる。北海道～九州に分布する。

花被がとれ痩果が見える

痩果。果皮は灰黒色でなめらか

ミズヒキ
タデ科 イヌタデ属
Persicaria filiformis

やや日陰の林縁などに生える多年草。痩果は赤い花被（萼）に包まれ長い穂にまばらにつく。痩果は卵形で赤褐色。先に2個の花柱が残る。北海道～沖縄に分布。

果実はふれるとはじける

痩果は先がとがり、果皮は光沢が強い

ヒメツルソバ
タデ科 イヌタデ属
Persicaria capitata

ヒマラヤ原産の多年草。花は球状に多数集まり、痩果はそれぞれの花被（萼）に包まれて熟す。痩果は3稜形。観賞用に植えられるが道端の石垣などに野生化している。

果実期も果序は紅紫色

痩果は濃褐色で光沢がある

ナデシコ目

ナデシコ目

イシミカワ タデ科 イヌタデ属 *Persicaria perfoliata*

河原や空き地に生えるつる性の多年草。花後、花被（萼）は肉質になり痩果を包んで球形になる。球形の花被は径5〜6mm、瑠璃色になり美しい。痩果は球形で黒色。花期は7〜10月。花は緑白色で小さく目立たない。茎は下向きの刺があり、円い托葉が目立つ。北海道〜沖縄に分布する。

痩果は黒く光沢があり、白く花被が残る

果実は瑠璃色で花よりも目立つ

果実は円い托葉の上に乗る

イタドリ タデ科 ソバカズラ属 *Fallopia japonica var. japonica*

山野に生える多年草。雌雄異株。花後、雌花の外側の花被（萼）片3個は痩果を包んで翼状に張り出し、翼果となって風に飛ぶ。全体は倒卵形で翼は薄い。痩果は3稜形、両端はとがり暗褐色。花期は7〜10月。北海道〜九州に分布。近縁のオオイタドリ（*F.sachalinensis*）の果実は、翼はやや狭く全体は大きめ。

花被の一部がついた痩果。円内はそれを取ったもの

翼は薄くさらさらと風に飛ぶ

オオイタドリの痩果。似ているがやや細め

Tetragonia tetragonoides ハマミズナ（ツルナ）科 ツルナ属 **ツルナ**

海岸の砂地や礫地に生える多年草。果実は核果で倒卵形。4〜6個の突起があり、上部に萼片が残る。一見、ヒシを小さくしたような感じ。中には種子が数個入っている。核果を包む果皮はかたくて、なかなか取れない。花期は4〜10月。北海道（西南部）〜沖縄の太平洋側に分布。

核果。果皮はしっかり核果を包み、このまま海流に乗る

花は葉柄の元につく。黄色いものは萼片

核の中の種子。白く腎形。左はちぎれている

ナデシコ目／ビャクダン目

Viscum album ssp. *coloratum* ビャクダン科 ヤドリギ属 **ヤドリギ**
旧ヤドリギ科

半寄生の常緑低木で、ケヤキやミズナラなど落葉広葉樹に寄生する。果実は液果で球形。果肉は粘液質でべたつき、種子を1個入れる。種子は楕円形で角張り平たい。両肩に丸い突起がある。花期は2〜3月。雌雄異株で果実は晩秋から翌春に熟す。北海道〜九州に分布。

10mm

果実と種子。種子は緑色で白い筋があり粘液に覆われる。この粘液は、果実を鳥が食べても消化されず、粘った糞とともに種子が木にくっつく

果実が橙色に熟す品種のアカミヤドリギ

種子。粘液質を取っても白い筋は残る

ユキノシタ目

種子。ほぼ球形で濃い藍色。不稔の種子は赤く、角張りやせている。

袋果は完全に開くとめくれるように全開して種子を見せる

ベニバナヤマシャクヤク
ボタン科 ボタン属
Paeonia obovata

山地の落葉樹林などに生える多年草。果実は袋果で長楕円形、湾曲し先がとがる。袋果は腹側から裂開し、内面は紅紫色で縁に種子をつける。種子は、不稔のものは赤くて角張り、結実したものは濃い藍色で球形。花期は4〜6月。果実は秋に熟す。北海道〜九州に分布する。

翼は先端ほど薄くなり、色合いも種子側が濃く、翼側が薄くなる

細い枝々に無数につく袋果

カツラ
カツラ科 カツラ属
Cercidiphyllum japonicum

山地の谷沿いなどに生える落葉高木。庭木や公園樹にもされる。果実は袋果。円柱形で長さ1.5cmほど、熟すと黒褐色になり裂開して種子を飛ばす。種子は20個ほど。種子は片側に翼があり扁平で側面にはしわがある。花期は3〜5月。日本固有で北海道〜九州に分布する。

核果（上）、核を取り除いた断面（中）と核（下）

果実の黒色と葉柄の赤が対照的

ユズリハ
ユズリハ科 ユズリハ属
Daphniphyllum macropodum

暖地の常緑樹林に生え植栽もされる常緑高木。果実は核果。ほぼ球形で径1〜1.2cm。藍黒色で表面は粉を吹く。核は楕円形。表面はゴツゴツしていて縦に数本の隆条がある。9〜10月に熟す。花期は5〜6月。雌雄異株。葉を正月の飾りに使う。本州（東北地方南部以南）〜沖縄に分布。

マンサク
マンサク科 マンサク属
Hamamelis japonica

山地の林内に生え庭木にもされる落葉小高木。果実は蒴果、卵状球形で径1cmほど。表面には褐色の毛が密生し、木質になる。熟すと2裂して種子を出す。種子は2個。種子は長楕円形でへその部分はV字に切れ込み、黒色で光沢がある。本州（関東地方以西の太平洋側）〜九州に分布する。

ユキノシタ目

蒴果。裂開し種子はもう落としている

種子は漆黒でかたい。蒴果もかたく種子が未熟な時期、かたい蒴果に守られる

公園などに植えられる落葉高木。果実は蒴果が多数集まった集合果で、径2.5cmほど。種子は細長く翼がある。蒴果の中には種子と一緒に角ばった付属物が詰まっている。花期は4月頃。中国中南部、台湾原産。

フウ
フウ科 フウ属
旧マンサク科
Liquidambar formosana

葉は掌状で3中裂する　　集合果のとがっているのは残存花柱　　種子と、一緒につまっている付属物

葉は掌状で5裂する　　集合果。残存花柱はフウより大きい　　種子と、一緒につまっている付属物

公園樹、街路樹とされる落葉高木で紅葉が美しい。果実は蒴果が多数集まった集合果で直径3〜4cm。秋に熟し落葉後も枝についている。種子には翼がある。花は4月頃、葉の展開と同時に咲く。北米中南部〜中米原産。

モミジバフウ
フウ科 フウ属
旧マンサク科
Liquidambar styraciflua

ユキノシタ目

種子は微細な凸点の網目模様があり、熟すと褐色になる

果実期、5個の雌ずいは大きくなり斜開する

ヒメレンゲ
ベンケイソウ科 マンネングサ属
Sedum subtile

山地の沢沿いの岩上などに生える多年草。果実は袋果。花の中心に5個の雌ずい（心皮）があり、花後ふくれて袋果となり熟すと裂開する。種子はごく小さく、へその部分は細く突き出て曲がる。花期は5〜6月。黄色の5弁花を集散状に咲かせる。本州（関東地方以西）〜九州に分布。

蒴果の上部は帽子状で、熟すとはずれ種子がこぼれ落ちる。円内は種子

蒴果が並ぶ果穂も蛸の足を思わせる

タコノアシ
タコノアシ科 タコノアシ属
旧ユキノシタ科
Penthorum chinense

沼や休耕田など湿地に生える多年草。果実は蒴果で径6〜7mm。蒴果は5室が輪状に並び、下部は合体していて上部は帽子状の蓋となる。種子は長楕円形、淡褐色で光沢はない。花期は8〜10月。花序の様子が「蛸の足」を思わせることから名がある。本州〜九州（奄美諸島まで）に分布する。

種子果実の薬で健康に

　植物の中には、薬効を持つものが多い。それら天然産物の有効成分を、精製することなく利用する薬を生薬と言う。漢方薬の材料や昔ながらの民間薬に使われているほか、滋養のある食材と合わせて薬膳料理に利用したりする。種子果実を使う生薬には、サンシュユ（山茱萸）、キカラスウリ（栝楼仁）、クコ（枸杞子）、チョウセンゴミシ（五味子）、オオバコ（車前子）、クチナシ（山梔子）などがある。

クコの果実を乾燥させた枸杞子。肝臓の働きや血圧降下に効果があると言われている。

ユキノシタ科　ネコノメソウ属　**ネコノメソウの仲間**

ユキノシタ目

イワボタン
Chrysosplenium macrostemon
var. *macrostemon*

ネコノメソウ
Chrysosplenium grayanum

ヤマネコノメソウ
Chrysosplenium japonicum

低山の湿地に生える多年草。蒴果は上向きに2裂し、種子は長い突起が縦に並ぶ。花期は3〜4月。葉は対生。本州（関東地方以西）〜九州に分布する。

山麓の湿地などに生える多年草。蒴果は上向きに裂開する。種子の表面には微細な毛がある。花期は4〜5月。葉は対生。北海道、本州に分布する。

山野の湿地に生える多年草。蒴果は上向きに裂開する。種子の表面はなめらか。花期は3〜4月。葉は互生する。北海道（西南部）〜九州に分布する。

ネコノメソウの果実は蒴果で上を向いて裂開、雨を待つ。隙間から種子がのぞくその様子は猫の目のように見える。雨が降り出すと種子は流れ出て分布を広げていく。

イワボタンの花は雄しべが8個（まれに4個）で葯は黄色

ネコノメソウの群落は黄色い絨毯を敷き詰めたよう

127

ユキノシタ目

種子はつやのある黒色。肉眼では見えないが浅い網目模様がある

果実は先が少し上向き、雨を受けて跳ね上がり種子を飛ばす

ズダヤクシュ
ユキノシタ科 ズダヤクシュ属
Tiarella polyphylla

山地や亜高山のやや湿った林下などに生える多年草。果実は蒴果で、大小2個の果皮からなる。下側の果皮は大きな舟形で、その上に小さい果皮が蓋をするようにつき、中に種子を入れる。種子は狭楕円形で光沢があり、ごく狭い翼がある。花期は6〜8月。北海道〜九州に分布。

種子の表面は半球形のいぼ状突起が並ぶ

枯れた花弁が残る若い果実。熟すと裂開して種子を出す

ユキノシタ
ユキノシタ科 ユキノシタ属
Saxifraga stolonifera

湿った岩や沢沿いの石垣などに生える常緑の多年草。庭にもよく植えられる。果実は蒴果で先端は2個のくちばし状。種子は紡錘形〜倒卵形。ごく小さく、黒褐色で縦に筋がありいぼ状突起が並ぶ。花期は5〜6月。花は白い花弁5個の内2個が大きい独特の形。本州〜九州に分布する。

上部が裂開した蒴果には若い種子が見える。円内は熟した種子

蒴果の様子が東洋の楽器チャルメラを思わせる

コチャルメルソウ
ユキノシタ科 チャルメルソウ属
Mitella pauciflora

山地の渓流沿いや湿った林の下に生える多年草。果実は蒴果で上向きにつき、熟すと上部がラッパ状に裂開して雨を待つ。種子は褐色、紡錘形で縦の隆条が並ぶ。種子は雨に流され分布を広げる。花期は4〜6月。花弁が羽状の小さな花を横向きにつける。本州〜九州に分布する。

Parthenocissus tricuspidata 　ブドウ科 ツタ属　**ツタ**

山野の林縁に生える落葉つる性木本。巻きひげの先には吸盤があり、建物の壁面に這わせたりもする。液果は球形で径5〜7mm。 黒青色で白粉をかぶる。種子は倒卵形で側面は半円形、背面は丸みがある。液果に種子は2〜4個。花期は6〜7月。花は小さく黄緑色。北海道〜九州に分布する。

種子の背面は丸みがあり中央部に円形のくぼみがある

紅葉は鮮やかで黄色から赤色

年が開けた頃のしなびた液果

Ampelopsis glandulosa var. *heterophylla*　ブドウ科 ノブドウ属　**ノブドウ**

山野の林縁に生える落葉つる性木本。果実は液果で球形、径6〜8mm。空色、紫色など色合いに変化があり、後には黒くなる。種子は広倒卵形で背面は丸みがある。果実は虫こぶになっているものも多く、ノブドウミタマバエの幼虫が入っている。花期は7〜8月。北海道〜沖縄に分布。

種子は背面に幅の広いヘラ形の模様がある

色合いがカラフルな液果

液果には2〜4個の種子が入っている

ブドウの仲間　ブドウ科 ブドウ属

エビヅル
Vitis ficifolia

サンカクヅル
Vitis flexuosa

ヤマブドウ
Vitis coignetiae

山野の林縁に生えるつる性木本。液果は球形で径約6mm。種子は果実に1～2個。雌雄異株。花期は6～8月。

山地に生えるつる性木本。液果は球形で径約7mm。種子は腹面に稜があり果実に2～3個。雌雄異株。花期は5～6月。

山地に生えるつる性木本。液果は球形で径約9mm。種子は果実に2～3個。3種中で最大。雌雄異株。花期は6～7月。

「甲斐路」、産地の山梨県の国名がつけられた甘い品種、右はその断面と種子

ブドウ属（Vitis）はつる性の木本で巻きひげによって上昇する。果実は液果で、中には洋なし形の種子が1～4個ある。大きさや色は種類によって異なる。果実は食べられるものが多く、野生生物たちや人間にとっても重要。多くの品種があり、果樹として世界で最も広く栽培されている。ちなみにデラウェアなどの種なし品種は、果実の生長途中に植物ホルモンのジベレリンを使い、種なしにする。

セイヨウアブラナ
アブラナ科 アブラナ属
Brassica napus

種子から油を採るために栽培されるが、河原や線路沿いに野生化している一年草。果実は長角果で長さ5～10cm、先は細いくちばし状になる。種子は暗褐色、ほぼ球形で果実の中に1列に並ぶ。花期は4月。一年草だが、周年にわたって発生し越年草ともなる。ヨーロッパ原産。

長角果に種子は15～20個入っている

種子は表面に低い凹凸があり光沢はない。この種子からナタネ油を採る

イヌガラシ
アブラナ科 イヌガラシ属
Rorippa indica

道端や草地に生える多年草。果実は長角果。線形で長さは1.5～2cm。種子はやや扁平で、卵形や楕円形など変異が多い。背面は丸みがあるが腹面は平ら。表面は細かい網目模様がある。種子は果実の中に2列に並ぶ。花期は4～9月。花は黄色の4弁花。北海道～沖縄に分布する。

長角果はやや上向きに曲がる

種子。果実の中に2列に並ぶが、整然とではなくそれぞれが交互に並ぶ

スカシタゴボウ
アブラナ科 イヌガラシ属
Rorippa palustris

湿り気の多い道端や水田に生える一年草または越年草。果実は円柱状の角果で、横向きにつく。長さは5～8mmほどで、イヌガラシより短い。種子は卵形や三角状など形はさまざまで、へその部分がへこむ。表面にふくらんだ網目模様がある。花期は4～11月。北海道～沖縄に分布。

角果。太い円柱状で、これでスカシタゴボウとわかる

種子。平たいものや稜があるものなどいろいろで、色は淡褐色

アブラナ目

アブラナ目

種子はへその部分がややへこみ、表面は亀甲状の大きな網目模様がある

長角果は上向きに曲がり先はやや細くなる

オランダガラシ
アブラナ科 オランダガラシ属
Nasturtium officinale

水辺または水中に群生するヨーロッパ原産の多年草。栽培されるが逃げ出したものが帰化植物となり、各地に野生化している。長角果は円柱状で長さ1〜2cm、上向きに曲がる。種子は淡褐色で広楕円形、背面は丸みがあり腹面は平ら。果実の中に2列に並ぶ。花期は5〜8月。クレソンともいう。

種子は網目模様があり、へその部分から湾曲した溝が出ていて途中で終わる

短角果。柄の先にやや上向きにつく。下は断面。

イヌナズナ
アブラナ科 イヌナズナ属
Draba nemorosa

草地や畑地に生える越年草。果実は短角果で長楕円形。平たく、短毛を密生する。種子は楕円形で褐色。果実内側の縁につく。花期は3〜6月で花は黄色。総状花序で花が終わったものから果実になり、上部に花、下部に果実がついていることが多い。北海道〜九州に分布。

種子は細かい凹凸に覆われる。ぬれると粘るが、翼状のものが粘液物質と思われる

短角果は円い軍配形。長さ3mmほど。熟すと縦に割れる

マメグンバイナズナ
アブラナ科 マメグンバイナズナ属
Lepidium virginicum

北アメリカ原産の帰化種で、一年草または二年草。草地や荒れ地などに生える。果実は短角果でほぼ円形、先がへこむ。中は2室に分かれ、それぞれ1個の種子がある。種子はほぼ楕円形。へそから出る湾曲した溝があり、半透明の翼がある。花期は春。北海道〜沖縄で見られる。

Capsella bursa-pastoris アブラナ科 ナズナ属 **ナズナ**

道端や空き地などにふつうに生える越年草。果実は短角果。逆三角形で先端がへこみ長さ5〜8mm。種子は楕円形で浅いU字形の溝があり、表面に細かい凹凸がある。果実に種子は30個ほど。花期は3〜6月。果実の形を三味線のばちにたとえ、ペンペングサとも呼ぶ。北海道〜沖縄に分布する。

種子は黄褐色。時間がたつと少し扁平になってくる

ペンペングサとしておなじみ

種子がむきだしになった短角果。右は短角果

Cardamine scutata アブラナ科 タネツケバナ属 **タネツケバナ**

田んぼや水辺、道端などにふつうに生える越年草ときに一年草。果実は長角果で長さ1〜2cm。熟すと2裂してそり返り種子を飛ばす。種子は楕円形で黄褐色。縁には翼がない（帰化種のコタネツケバナ（*C.dabilis*）の種子には翼がある）。種子は1列に並ぶ。花期は3〜6月。北海道〜沖縄に分布する。

白い花が残る果序。長角果は細く幅1mmほどで、直立する

種子はやや扁平で浅いくぼみがある

若い果実と種子。種子数は40個ほどで、1列に並ぶ

アブラナ目

ショカツサイ アブラナ科 オオアラセイトウ(ショカツサイ)属　*Orychophragmus violaceus*

道端や空き地に生える越年草。果実は長角果で4稜があり、長さはときに10cmを超える。種子は角ばり形は一定でなく、表面には低い突起が並ぶ。花期は3〜4月。中国原産で江戸時代に花卉(かき)として入り逸出、広く野生化している帰化植物。オオアラセイトウ、ハナダイコンとも呼ぶ。

種子は表面がゴツゴツしていて形はさまざま。長角果の中に1列に並ぶ

長角果は長く、先はしだいに細くなる

花は淡紫色だが稀に白色もある

ハマダイコン アブラナ科 ダイコン属　*Raphanus sativus* var. *hortensis* f. *raphanistroides*

海岸の砂地に生える越年草。果実は長角果で上部はくちばし状に伸び、熟しても裂開しない。種子は広楕円形でやや扁平、表面は網目模様がある。花期は4〜6月。種子の周りは厚い発泡スチロール状の物質でできていて、長角果ごと落ち海流に乗って散布される。北海道〜沖縄に分布する。

長角果は種子を包んだまま水に浮く

種子。広楕円形で果実に2〜6個

長角果は数珠のようにくびれている

Daphne pseudomezereum ジンチョウゲ科 ジンチョウゲ属 **オニシバリ**

山地に生える落葉小低木。果実は液質の核果で長さ約8mmの楕円形。5～7月に赤く熟し、有毒。核は広楕円形で先端が小さくとがる。花期は2～4月。雌雄異株。葉のつけねに黄緑色の花を数個つける。雌花の方がやや小さい。本州（福島県以西）～九州（中部以北）に分布する。

核は濃褐色で光沢がある。果実に核は1個

冬、葉は緑で夏に落葉し、ナツボウズとも呼ぶ

果実は赤くおいしそうだが食べられない

Diplomorpha ganpi ジンチョウゲ科 ガンピ属 **コガンピ**

山野の草地に生える落葉小低木。果実は核果。表面は長い毛で覆われ宿存する萼に包まれる。果実が熟す頃に萼は落ちる。核は黒褐色、卵形で先端がとがる。花期は7～8月。花は白色～淡紅色。木本だが枝は基部を残して毎年枯れ落ちる。本州（関東地方以西）～九州に分布する。

核は先がとがり、基部はときに小さな柄が残る

核果は萼筒に包まれ、萼筒も毛が多い

核果は白く長い毛がある

135

ハマボウ　アオイ科 フヨウ属　*Hibiscus hamabo*

海岸や河口の砂泥地に生える落葉低木。果実は卵形の蒴果で長さ3～3.5cm。毛が密生する。種子は腎形で細かい突起がありざらつく。本州（神奈川県以西）～九州に分布。オオハマボウ（*H. tiliaceus*）は種子の形は似るが、細かい突起は筋状。九州（種子島、屋久島以南）、沖縄、小笠原に分布する。

種子。背面は丸みがあり、腹面のへそ部分は大きい

蒴果は先がとがり、熟すと5裂する

オオハマボウの種子。色がより濃い

フヨウ・ムクゲ　アオイ科 フヨウ属　*Hibiscus mutabilis*・*H. syriacus*

フヨウは庭などに植えられる落葉低木。暖地では野生化もしている。蒴果は球形で径約2.5cm。長毛が生え熟すと5裂する。種子は背面に長い毛がある。花は白やピンク色。中国原産と考えられている。ムクゲも植栽される落葉低木で蒴果は卵形。長さ2cmほどで星状毛が密生し、熟すと5裂する。種子は扁平で背面は縁に沿って長い毛がある。花は白、ピンク色の他さまざま。中国原産。

フヨウの種子。背面全面に毛がある

ムクゲの種子。フヨウの種子よりだいぶ大きい

フヨウの蒴果

ムクゲの蒴果

Malva mauritiana 　アオイ科 ゼニアオイ属 　**ゼニアオイ**

アオイ目

花壇に植えられる古くからの園芸植物で二年草。果実は萼に包まれ、分果が１２～１３個ほどがドーナツ形に密着し、熟すと落ちる。分果は背面に毛があり扁平。中には黒い種子がある。花は８～１０月に咲く。花柄は果実期には伸びる。こぼれ種で道端などに生えることもある。ヨーロッパ南部原産。

銭を連想させる果実。分果はなかなかはずれない。右は分果、円内が種子

花弁は５個あり先端は浅くへこむ

果実は萼に包まれる

Firmiana simplex 　アオイ科 アオギリ属 　**アオギリ**
旧アオギリ科

公園樹、街路樹にとして利用される落葉高木。果実は蒴果で草質、成熟前に５片に裂開し、各片は舟形で縁にまだ緑色の種子がつく。種子は球形で径４～６mm。後に茶色になり表面はしわとなる。花期は５～６月。枝先の円錐花序に黄緑色の小さな花を多数つけ、雄花と雌花が混じる。沖縄に分布。

種皮を剥いた胚と円内は種子

裂開した蒴果の縁には種子が見える

１片は長さ７～１０cm

137

シナノキ アオイ科 シナノキ属 *Tilia japonica*
<small>旧シナノキ科</small>

種子の表面はなめらかだが光沢はない

堅果は毛が密生するが柄に毛はない

秋、果序は長い総苞葉で風に飛ばされる

山地に生え植栽もされる落葉高木。果実は堅果。卵円形で長さ5〜7mm。表面に軟毛が密生する。果序のつけねに狭長楕円形の総苞葉がつき、果実期には伸びる。種子は卵円形で褐色。花期は6〜7月。葉のつけねから集散花序を垂らし淡黄色の花をつける。日本固有。北海道〜九州に分布。

カラスノゴマ アオイ科 カラスノゴマ属 *Corchoropsis crenata*
<small>旧シナノキ科</small>

種子は片面がやや平たいものが多い

この後蒴果は縦に2つに割れ種子を出す

花は仮雄しべが細長く突き出し目立つ

道端や草地などに生える一年草。果実は蒴果で細長く長さ3cmほど。秋に熟すと2裂する。葉とともによく紅葉する。種子は長卵形。先がとがり気味でやや扁平。表面にはうろこ状の凹凸がある。蒴果をはじめ茎、葉、萼などに星状毛が多い。花は8〜9月に咲く。本州〜九州に分布する。

ヤマウルシ
ウルシ科 ウルシ属
Toxicodendron trichocarpum

山地に生える落葉高木。雌雄異株。果実は核果で9〜10月頃熟す。核果の外果皮は刺毛が生え黄褐色ではがれやすい。外果皮の下はロウ質に覆われた白い縦溝のある中果皮。核は腎円形で褐色。やや扁平で中央が盛り上がる。花期は5〜6月。花は黄緑色で小さく多数咲く。北海道〜九州に分布。

外果皮とそれが落ちた白い中果皮が見える

白色で縦に溝がある中果皮といびつな形の核

ハゼノキ
ウルシ科 ウルシ属
Toxicodendron succedaneum

山野に生える落葉高木。雌雄異株。果実は核果。偏球形で径9〜13mm。秋に淡褐色に熟し、表面は無毛。外果皮の下の中果皮はロウ質で縦に筋がある。核はやや扁平な広楕円形。花は5〜6月に咲く。ロウを採るために古くから栽培されていた。本州（関東地方南部以西）〜沖縄に分布する。

核果の外果皮ははがれにくい

核は色が明るいため、冬、木の下に落ちているのを見つけやすい

ヌルデ
ウルシ科 ヌルデ属
Rhus javanica var. chinensis

平地から山地までふつうに生える落葉高木。雌雄異株。核果は径4mmほどの偏球形。黄赤色に熟す頃、酸味があり塩味を感じる白い物質を分泌する。10〜11月に熟す。核は丸みがある楕円形でやや扁平、表面はなめらかで、やや光沢がある。花期は8〜9月。北海道〜沖縄に分布。

核果の外果皮は茶褐色の毛が密生する

核。果実は鳥もよく食べ、糞に核が見られることがある

ムクロジ目

センダン　センダン科 センダン属　*Melia azedarach*

海岸近くに生える落葉高木で公園樹や街路樹として植えられる。果実は核果。球形で径1.5〜2cm。10〜12月に黄白色に熟し、落葉後、枝先に残りよく目立つ。核は楕円形、縦に深い溝がある。核の中に種子は3〜5個で放射状に並んで入っている。花は5〜6月に咲く。四国〜沖縄に分布する。

円内は核の断面。六角形で種子が見える。円外は種子。長楕円形で黒色

核は木質で、深い縦溝がある特徴ある形

核果は冬が深まると白みが増す

チャンチン　センダン科 トウーナ属　*Toona sinensis*

公園などに植えられ庭木にもされる落葉高木。果実は蒴果で長楕円形、熟すと上部が5裂し、中の大きな胎座に縦に種子がついている。種子は長い翼があり風に乗って飛ぶ。花期は6〜7月で、枝先に大きな円錐花序を頂生し小さな白い花をつける。新葉は赤くて美しい。中国原産で古くに渡来。

長い翼のある種子。蒴果は裂開し裂片がそり返ると種子は飛び出す

開いた蒴果。左上のものは種子が見える

若い蒴果。果序は垂れるが蒴果は上を向く

オオバキハダ
ミカン科 キハダ属
Phellodendron amurense var. *japonicum*

山地の沢沿いなどに生える落葉高木で、雌雄異株。核果は球形で黒色に熟す。核は濃褐色で表面は細かい突起がある。花は6月で果実は秋に熟し落葉後も残る。本州（関東地方、中部地方南部）に分布。北海道〜九州に分布するキハダ（*P. amurense*）は、核がより小さい。

まだ若い緑色の核果。黒く熟しその頃にはしわも多い。

核。上はオオバキハダ。下はキハダ。柿の種のような形でよく似ているがキハダはやや小さい

ムクロジ目

コクサギ
ミカン科 コクサギ属
Orixa japonica

山地の林内の沢沿いに多い落葉低木。果実は蒴果で3〜4個の分果。7〜9月頃熟し、上部が裂開して種子を飛ばす。種子は卵形〜球形、黒褐色で光沢がある。全体に臭気がありクマツヅラ科のクサギより小さいのでこの名がある。雌雄異株。花は4〜5月に咲く。本州〜九州に分布する。

種子を飛ばした後、分果は閉じる

種子。右は種子を飛ばす時にバネのような役割をする内果皮

マツカゼソウ
ミカン科 マツカゼソウ属
Boenninghausenia albiflora var. *japonica*

丘陵や山地の樹林内に生える多年草。果実は蒴果で3〜4個の分果が枝先にまばらにつき、熟すと裂開する。種子は暗褐色、楕円形〜腎形でやや扁平、表面に粒状の突起がある。花は小さく白色で8〜10月に咲く。葉は3回3出複葉で質は薄く独特の臭気がある。本州〜九州に分布する。

分果はまだ若く緑色

ゴツゴツした感じの種子、小さな分果に種子は1個入っている

ムクロジ目

サンショウ ミカン科 サンショウ属 *Zanthoxylum piperitum*

赤く熟し裂開しはじめた分果。全裂すると赤い果皮と黒い種子はよく目立つ

上、熟した分果と種子。果皮は粉山椒の原料。左、若い分果は実山椒と呼ばれチリメンザンショウなどの佃煮が作られる

山野の林内に生え栽培もされる落葉低木。雌雄異株。果実は蒴果で2～3個の分果となる。分果は球形で径約5mm。熟すと2裂し、種子は糸状の種柄でぶら下がる。種子は分果の中に1個。花期は4～5月。花は黄緑色で小さい。若葉や果実は香辛料として利用される。北海道～九州に分布する。

種皮を剥いた種子。種皮は光沢があるが、剥くと黒色で表面には凹凸が並ぶ

分果が裂開して黒くて光沢のある種子が見える

イヌザンショウ
ミカン科 サンショウ属
Zanthoxylum schinifolium

山地の河原や林縁などに生える落葉低木～小高木。雌雄異株。果実は蒴果で3個の分果に分かれる。分果はほぼ球形で長さ4～5mm。熟しても淡緑色。種子は楕円状の球形で長さ3～4mm、黒くて光沢がある。花期は7～8月でサンショウよりも遅い。本州～九州に分布する。

カラスザンショウ
ミカン科 サンショウ属
Zanthoxylum ailanthoides

山野の河原や崩壊地、また海沿いにも生える落葉高木。雌雄異株。果実は蒴果で3つの分果に分かれる。分果は扁球形で長さ約5mm。灰褐色で油点がある。種子はほぼ球形、黒色で光沢がある。花期は7〜8月。花は小さく多数つく。老木の幹は刺の変化したいぼ状突起が目立つ。本州〜九州に分布。

果序は重みで垂れ、果序ごとよく落ちている

光沢のある種子（右）、種皮を剥くと表面は凹凸があり光沢はない（左）

フユザンショウ
ミカン科 サンショウ属
Zanthoxylum armatum var. subtrifoliatum

低山の林内や岩場に生える常緑低木。雌雄異株。果実は蒴果で2個の分果に分かれる。分果は卵球形で径5mmほど、赤く熟しいぼ状突起がある。分果に種子はふつう1個だがときに2個あり、1個の場合ほぼ球形、2個では半球形になる。花期は4〜5月。本州（関東地方以西）〜沖縄に分布。

赤く熟した果実。葉は葉軸に翼がある

種子はふつうほぼ球形だが、右下は分果に2個入っていて半球形のもの

ミヤマシキミ
ミカン科 ミヤマシキミ属
Skimmia japonica var. japonica

低山の林内に生える常緑低木。雌雄異株。果実は核果、球形で径5〜8mm、ほぼ4個の核がある。12〜2月に赤く熟し冬の林でよく目立つ。核は白色で光沢は弱い。花は4〜5月に咲く。葉はアルカロイドを含み有毒。本州（関東地方以西）〜九州に生える。

核果の中には白い核が詰まっている

核はお互いに接して球形の核果の中に収まっているので側面が平たくなっている

ムクロジ目

ムクロジ目

ニワウルシ　ニガキ科 ニワウルシ属　*Ailanthus altissima*

公園樹、街路樹として植えられるが野生化して河原や土手などに生える落葉高木。果実は翼果で2～5個の分果に分かれる。翼果の縁は縦方向にねじれ回転しながら風にのって飛ぶ。種子は翼果の中央に1個あり扁平。雌雄異株。花期は6月頃。シンジュとも呼ぶ。中国原産。

翼果。翼は薄く筋がある。縁はねじれ回転しながら飛ぶ

種子は翼果の中心にある

若い果序。熟すと淡褐色になり、遠目にも目立つ

トチノキ　ムクロジ科 トチノキ属　*Aesculus turbinata*
旧トチノキ科

山地の沢沿いなどに生える落葉高木。果実は蒴果。径3～5cmでほぼ球形。表面はかさぶた状の低い突起がありざらつく。9月頃に熟すと3裂して1～2個の大形の種子を出す。種子は褐色で下半分は大きなへそになる。花期は5～6月。枝先に円錐花序を上向きにつける。北海道（南部）～九州に分布。

大きな種子と厚い果皮。種子はあくを抜いてトチ餅を作るなど、昔から利用されてきた

果皮を一枚取り除いた蒴果

まだ裂開する前の若い蒴果

144

Sapindus mukorossi ムクロジ科 ムクロジ属 **ムクロジ**

ムクロジ目

冬、樹下には核果や割れた果皮が落ちている。果皮にはサポニンが含まれる

かたく黒い核は羽つき球に使われる

公園や神社などに植栽されることが多い落葉高木。雌雄同株。果実は核果で球形。径２cmほどで基部には成熟しなかった心皮がつく。果皮は熟すとかたく半透明な飴色になり、核は黒色で光沢はなくかたい。10〜11月に熟し、拾った果実を振るとカラカラ音がする。葉は複葉で、秋、黄色く色づいた小葉と葉軸が別々に落ちる。花期は６月頃。本州（茨城県、新潟県以南）〜沖縄に分布する。

秋になると枝についた核果が色づきよく目立つ

ムクロジのシャボン遊び

ムクロジの飴色になった果皮を剥き、適当な大きさにする

容器で水や湯にしばらく浸して、ストローで吹くと泡立つ

ムクロジの果皮はサポニンという成分を多量に含んでいる。サポニンは水に溶けるとその界面活性作用で泡立ち、汚れを落とす効果がある。そのため、石鹸が普及する以前は、ムクロジの果皮を洗濯や洗髪に利用していたという。サポニンは他の多くの植物にも含まれている。そのような植物は毒性を持つことがある一方で、漢方薬の材料になるものも多い。

145

ムクロジ目

イロハモミジ
ムクロジ科 カエデ属
旧カエデ科
Acer palmatum

発芽率はよいようで、種子からの芽吹きも双葉もよく目にする

軸から外れ角度が狭く見える翼果。中央は種子

山地に生える落葉高木。新緑も紅葉も美しいためよく植えられ園芸品種も多い。果実は分果が2個の翼果でそれぞれの果翼はほぼ水平に開く。種子は広卵形で縁は稜になり、翼には葉脈状の筋がある。7〜9月に熟し、花期は4〜5月。花序には雄花と両性花が混生する。モミジといえば本種で、タカオモミジ、単にカエデとも呼ばれる。本州（福島県以南）〜九州に分布する。

翼果が葉の上に出ている様子はドラえもんのタケコプター

ハウチワカエデ
ムクロジ科 カエデ属
旧カエデ科
Acer japonicum

山地から亜高山に生える落葉高木で、園芸品種もある。果実は分果が2個の翼果で、水平から鈍角に開く。翼には葉脈状の筋がある。また全体に毛があり、種子部分に多い。種子は広卵形。花期は5〜6月。雌雄同株で雄花と両性花が混生する。果期は7〜9月。北海道、本州に分布。

翼果。他種より大きめで翼の部分は円みがある。種子部分に花の色が残る

若い翼果は淡紅紫色に色づき美しい

イタヤカエデ
ムクロジ科 カエデ属
旧カエデ科
Acer pictum

山地に生える落葉高木。果実期は7〜9月。翼果はふつう無毛。果翼は鋭角に開く。翼には葉脈状の筋がある。花期は4〜5月。本州〜九州の主に太平洋側に分布する。

葉には鋸歯はない

果翼の開く角度は70°から100°ほど

ウリハダカエデ
ムクロジ科 カエデ属
旧カエデ科
Acer rufinerve

山地に生える落葉高木。果実期は7〜9月。翼果は赤褐色の縮毛があり鈍角に開く。雌雄異株、稀に同株。花期は5月頃。本州〜九州（屋久島まで）に分布する。

枝も幹も緑色を帯びる

果翼の開く角度は120°から160°ほど

チドリノキ
ムクロジ科 カエデ属
旧カエデ科
Acer carpinifolium

山地の谷間に生える落葉小高木。果実期は8〜9月。果翼はほぼ直角に開く。種子の部分は楕円形。雌雄異株。花は5月頃。本州（岩手県以南）〜九州に分布する。

葉は羽状脈があり分裂しない

果翼の開く角度は90°から120°ほど

トウカエデ
ムクロジ科 カエデ属
旧カエデ科
Acer buergerianum

街路樹や公園樹として植栽される落葉高木。果実期は6月。翼果は無毛。果翼は鋭角に開く。翼の幅はやや広い。花期は4〜5月。台湾および中国大陸東南部原産。

夏になる前にたくさん出来た翼果

果翼の開く角度は20°から50°ほど

ムクロジ目

147

ムクロジ目／クロッソマ目

翼果はときに赤く色づき、果翼が大きいのでよく目立つ

イロハモミジより翼は大きめで葉は単鋸歯

オオモミジ
ムクロジ科 カエデ属
旧カエデ科
Acer amoenum

山地に生える落葉高木。公園などに植えられ多くの園芸品種もある。果実は翼果で6～9月に熟す。果翼の開く角度はほぼ水平から150°ほど。他種同様翼には葉脈状の筋がある。花期は4～5月。北海道（中部以南）、本州（太平洋側は青森県以南、日本海側は福井県以西）～九州に分布。

翼果。翼や種子は大きさが不揃いなときもある

晩秋の翼果。まだ枝に残り、葉は色づいている

ヤマモミジ
ムクロジ科 カエデ属
旧カエデ科
Acer amoenum var. matsumurae

山地に生える落葉高木で、日本海側の多雪地帯に多い。果実は分果が2個の翼果で、やや鈍角に開く。翼には葉脈状の筋がある。種子は広卵形。花期は5～6月。雌雄同株で雄花と両性花を混生する。果期は7～9月。北海道、本州（青森県～島根県の主に日本海側）に分布する。

テンなど野生動物たちの冬の重要な栄養源のようで種子が糞からよく見つかる

若い果序。冬には濃褐色になって長く残る

キブシ
キブシ科 キブシ属
Stachyurus praecox

山野の林縁に生える落葉小高木。雌雄異株。果実は広楕円形や卵形。液果だが果液はかたい樹脂状で、多数の種子がびっしり詰まる。7～10月に黄褐色に熟す。種子は倒三角形で小さく、やや光沢がある。花期は3～4月。花は淡黄色で穂状にぶら下がる。北海道（西南部）～九州に分布。

Euscaphis japonica ミツバウツギ科 ゴンズイ属 **ゴンズイ**

クロッソマ目

雑木林の林縁などに生える落葉小高木。果実は袋果。1花から1〜3個生じ、卵形で先がやや曲がってとがる。9〜11月に赤く熟す。果皮は肉厚で中に種子は1〜3個。熟すと裂開し縁に種子が残る。種子は薄くはがれやすい仮種皮に包まれる。花期は5〜6月。本州（関東地方以西）〜九州に分布。

目を引く赤い果皮と光沢のある黒い種子　　袋果と種子。円内は仮種皮を剥いた様子で表面は茶色

Staphylea bumalda ミツバウツギ科 ミツバウツギ属 **ミツバウツギ**

雑木林の林縁などに生える落葉小高木。果実は蒴果。パックマンを思わせる独特な形で、9〜11月褐色に熟す。種子は倒卵形、へそが深くくぼみ光沢がある。果実に種子は2〜4個入っている。花期は5〜6月。葉が3枚の小葉で、枝がウツギと同じ空洞なのが名の由来。本州（関東地方以西）〜沖縄に分布。

種子は表面の光沢が強くかたい

葉は対生で3小葉、花には香りがある　　蒴果は独特の形で先に花柱が残る

フトモモ目

種子の翼は大きく、上が開いた蒴果から風の日に飛び出す

裂開前の蒴果。熟すと先が6つに裂ける

サルスベリ
ミソハギ科 サルスベリ属
Lagerstroemia indica

庭や公園などに植えられる落葉小高木で高さは10mほどになる。果実は蒴果、球形で径7mmほど。熟すと先が6つに裂ける。種子は広い翼があり、薄く網目模様がある。種子本体は小さい。花期は7〜10月と長く、百日紅（ヒャクジッコウ）とも呼ばれる。中国南部原産。江戸時代以前に渡来。

種子は明るい茶色で背面は丸みがある

茎につく蒴果。熟すと2裂する

ミソハギ
ミソハギ科 ミソハギ属
Lythrum anceps

山野の湿地に生え、田の畦などにも植えられる多年草。果実は蒴果で宿存する膜質の萼に包まれ、茎に上向きにつく。種子は広倒披針形で長さ1mmほど。先端はやや細まり、縁にはわずかに翼がある。花期は7〜8月。穂状花序に紅紫色の花を多数つける。北海道〜九州に分布する。

種子。水田に多いキカシグサは小さな種子を田の土に落とし、翌春を待つ

茎の上部には花、下部は蒴果

キカシグサ
ミソハギ科 キカシグサ属
Rotala indica

湿地に生える小さな多年草で水田に多い。果実は蒴果で楕円形。宿存する萼に包まれ、長さは約1.5mm。種子はごく小さく、倒披針形で長さ0.7mmほど。熟した種子は種皮に濃紅色の模様がある。花期は8〜10月。葉のつけねに淡紅色の花を1個つける。本州〜沖縄に分布する。

ミソハギ科 ヒシ属 （旧ヒシ科） ヒシの仲間

フトモモ目

池や沼に群生する一年草。食用にもされる。果実は核果。倒三角形でやや扁平。両端には萼が変化した刺があり、先端には小さな逆刺がある。他に果実両面にいぼ状の突起のあるイボビシ、大形で4本の刺を持つオニビシ、その小形のコオニビシ、果実がごく小さく刺が4本あるヒメビシなどがある。

ヒシ（*Trapa japonica*）は個体により刺の太さや長さ、両面の隆起の様子などもさまざまで、それぞれの表情がある

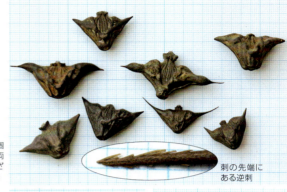

刺の先端にある逆刺

花期は7〜10月。花は水面の葉の間から出る。葉柄はふくれて浮袋の役目をする

写真上はコオニビシ（*T. natans* var. *pumila*）、刺は左右両面に4本、オニビシ（*T. natans*）より小形
写真上右はイボビシでヒシの変異の1つとされる
写真右はヒメビシ（*T. incisa*）、刺は細長く左右両面に4本ある

ヤナギラン

アカバナ科 ヤナギラン属
Chamerion angustifolium

山地から亜高山の草地や礫地に生える大形の多年草。果実は蒴果で細長く、長さは5〜8cm。短毛がある。熟すと縦に4裂して、長い冠毛のある種子を出す。種子は小さく、倒披針形で褐色。冠毛は白い。花期は6〜8月。果実は秋に熟す。北海道、本州（中部地方以北）に分布。

果実は裂開すると種子が出て冠毛がからむ

種子。冠毛は長さ1.5cmほどで純白。この長い冠毛で風に飛ぶ。円内は種子

フトモモ目

種子につく赤褐色の冠毛は長さ8mmほどで、風によって遠くまで飛ぶ

果実は熟すと縦に4つに裂け、裂片がそり返る

アカバナ
アカバナ科 アカバナ属
Epilobium pyrricholophum

山野の湿地に生える多年草。果実は蒴果で細長く、長さは3～8cm。短い腺毛があり、熟すと縦に4つに裂ける。種子は倒被針形で背面は丸く腹面は扁平。長さ1.5mmほど、赤褐色の冠毛がある。花期は7～9月。葉のつけねに子房部分が長い紅紫色の4弁花をつける。北海道～九州に分布。

若い種子。へそは一端のとがった先にある。熟すと赤茶色になる

果実は熟すと紫色。種子は多数入っている

チョウジタデ
アカバナ科 チョウジタデ属
Ludwigia epilobioides

湿地に生え水田に多いことからタゴボウとも呼ばれる一年草。果実は蒴果で長さ2～3cmの棒状。4稜があり、紫色。種子は長楕円形でやや光沢があり、縦に暗赤色の条が入る。花期は8～10月。葉のつけねに黄色の4弁花をつける。秋には紅葉する。本州～沖縄に分布する。

ごく小さな種子は片面に浅い溝がある

蒴果はかたく上を向いてつく

ユウゲショウ
アカバナ科 マツヨイグサ属
Oenothera rosea

観賞用として明治時代に渡来、今では道端などに生える多年草。果実は蒴果。棍棒状で長さ4～12mm。8稜があり、熟すと先端が4裂する。種子はごく小さい楕円形。雨の日裂開した果実に水がたまり種子は流される。花期は7～9月。花は紅紫色。日本全土で見られる北アメリカ原産の帰化植物。

アカバナ科 マツヨイグサ属　マツヨイグサの仲間

フトモモ目

マツヨイグサ
Oenothera stricta

道端などに生える一～二年草。蒴果は円柱形で4本の溝があり熟すと4裂。種子は濃褐色。南アメリカ原産の帰化植物で花期は5～8月。

メマツヨイグサ
Oenothera biennis

荒れ地などに多い越年草。蒴果は円柱形。4本の溝がある。種子は角ばり暗褐色。花期は6～9月で花は黄色。北アメリカ原産の帰化植物。

コマツヨイグサ
Oenothera laciniata

海岸砂地に多い帰化植物で一～二年草。蒴果は円柱形で4本の溝がある。種子は浅黄色。花期は6～8月で花は黄色。北アメリカ原産。

マツヨイグサの仲間はすべてアメリカ原産で観賞用として花壇に植えられるが、帰化植物として日本には10数種が見られる。果実は蒴果で種子は小さいものが多い。

マツヨイグサの花。夕方咲き翌日しおれて赤みを帯びる

マツヨイグサの蒴果。熟して先が4裂し種子が見える

フウロソウ目

種子は楕円形で、一端にへそがある。表面に網目模様はない

裂開前の蒴果。5裂すると独特の形になる

ゲンノショウコ
フウロソウ科 フウロソウ属
Geranium thunbergii

山野の草地にふつうに生える多年草。果実は蒴果で直立し、上部はくちばし状で下部に種子がある。熟すと上端をつけたまま下から5裂して巻き上がり、種子を飛ばす。種子は5個。黒褐色で光沢はない。花期は7〜11月。花は白や紅紫色。腹痛の民間薬として知られる。北海道〜九州に分布。

種子もゲンノショウコに似ているが、網目模様が特徴

蒴果には長い剛毛と短毛がある

アメリカフウロ
フウロソウ科 フウロソウ属
Geranium carolinianum

市街地の道端などに生える帰化植物で一年草。果実は蒴果でゲンノショウコと似ているが、くちばし状の部分が長く、毛が多い。種子は楕円形で濃褐色。表面に網目状の模様がある。果実期はよく紅葉して美しい。花期は5〜6月。花は小形で淡紅色。北アメリカ原産。

本物の種子果実はどれ？

3つのうち1つだけが本物の種子果実です。
（答えは289ページ）

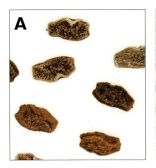
A

B

C

ブナ目

アサダ
カバノキ科 アサダ属
Ostrya japonica

山地の林に生える落葉高木。果実は堅果。花の後小苞は大きくなり袋状の果苞になって堅果を1個包み込む。果穂は果苞が多数つき、長さ5～6cmでやや垂れ下がる。花期は4～5月。樹皮が浅く縦裂する様子からミノカブリ、ハネカワという名がある。北海道（中部以南）～九州に分布する。

袋状の果胞がついた果穂。他のシデ類より長さは短め

堅果は長楕円形でやや扁平、先が細くなる。袋状の果苞は全縁

ツノハシバミ
カバノキ科 ハシバミ属
Corylus sieboldiana var. *sieboldiana*

山地に生える落葉低木。果実は堅果で果苞に包まれる。果苞は雌花の小苞が変化したもの。刺毛に覆われ先がつの状にとがり、葉のつけねに1～4個つく。堅果は球形で先がとがり基部はやや平たい。淡褐色～茶褐色で食べられる。花期は3～5月。北海道～九州に分布。

果苞を素手で剥くと刺毛は指に刺さるほど鋭い

中身はナッツのようでおいしい。それもそのはずでヘーゼルナッツは本種の仲間

サワシバ
カバノキ科 クマシデ属
Carpinus cordata

山地の谷沿いに生える落葉高木。果実は堅果で葉状の果苞の基部につく。果苞はまばらな鋸歯があり、堅果はやや扁平な楕円形。果穂は長さ4～10cmで果苞が密につく。8～10月に熟す。花期は4～5月。葉はクマシデに似ているが基部は深い心形になる。北海道～九州に分布する。

果穂は葉状の果苞がすき間なくつく

木から落ちる頃の熟した堅果（上）と果苞（下）

ブナ目

果苞は翼のように風に乗る（円内は堅果）

果穂は長い柄があり全体に細長い

アカシデ
カバノキ科 クマシデ属
Carpinus laxiflora

山野の川岸や雑木林に生える落葉高木。果実は堅果で葉のような果苞の基部に1個つく。果苞は両側に鋸歯があり基部が3裂する。果苞は2個が対になり果穂にややまばらにつき垂れ下がる。長さは4～10cm。8～9月に熟す。花期は4～5月。花の苞や芽吹きの葉は赤い。北海道～九州に分布。

堅果（円内）は広卵形で縦の筋がある。果苞は不揃いな鋸歯が片側だけにある

果穂は柄がありやや太めでまばらに果苞がつく

イヌシデ
カバノキ科 クマシデ属
Carpinus tschonoskii

山野に生え人里でも見かける落葉高木。果実は堅果で葉状の果苞の基部に1個つく。果苞の鋸歯は片側のみ。果穂は果苞がややまばらにつき長さは4～8cm。10月頃に熟す。花期は4～5月。樹皮は暗灰色でなめらか、老木は縦のくぼみが目立つ。本州（岩手県、新潟県以南）～九州に分布。

若い果苞と堅果。円内は成熟した堅果

果穂は果苞がびっしり並び、太い円柱形

クマシデ
カバノキ科 クマシデ属
Carpinus japonica

山地の谷沿いに生える落葉高木。果実は堅果で、葉状の果苞の基部に1個つく。果苞は縁に粗く鋭い鋸歯がある。果穂は長さ5～10cmで果苞がすき間なくつき全体は太い。10月頃に熟す。花期は4月頃。葉はサワシバに似ているが基部はあまり心形にならない。日本固有。本州～九州に分布。

シラカンバ

カバノキ科 カバノキ属
Betula platyphylla

山地に生える落葉高木。樹皮が白いことでよく知られる。果実は柄のある円柱状の果穂に果鱗とともに多数つき、果穂は垂れる。果実は堅果で倒卵形。両側に本体より大きい翼がある。花期は4～5月で雌雄同株。果期は7～10月。北海道、本州（福井県、岐阜県以北）に分布。

果穂は長さ3～5cm。熟すと風でばらけて散り、果軸が残る

堅果は先に花柱が残り翼は薄い膜質。翼は大きく風に飛ぶが鳥もよく食べに来る。果鱗は先が3裂する

ダケカンバ

カバノキ科 カバノキ属
Betula ermanii

亜高山に生える落葉高木。樹皮は赤褐色で横に薄くはがれる。果実は短柄のある果穂に果鱗とともに多数つく。果穂は上を向く。果実は堅果で広倒卵形、両側に本体より小さい翼がある。花期は5～6月で雌雄同株。果期は秋。北海道、本州（中部地方以北）、四国に分布。

果穂は長さ2～4cm。上向きにつき、熟してもばらけない

堅果は先に花柱が残り、翼はシラカンバより小さい。果鱗は3裂し、中央の裂片は細長い

ウダイカンバ

カバノキ科 カバノキ属
Betula maximowicziana

山地に生える落葉高木。樹皮は灰色で横向きの筋が多い。果実は柄のある果穂に果鱗とともに多数つき、果穂は2～4個ほどが垂れ下がる。果実は堅果で広倒卵形、両側に大きな翼がある。花期は5～6月で雌雄同株。果期は秋。北海道、本州（福井県、岐阜県以北）に分布。

果穂は長さ5～9cmと長く、熟すと風でばらけて果実を飛ばす

堅果の翼は前2種に比べても大きく、リボンかチョウのよう。果鱗は先が3裂する

ブナ目

ブナ目

果穂は熟すとマツボックリのように果鱗が開いて振ると堅果がこぼれ落ちる

枝先につく、堅果を飛ばす寸前の果穂

ハンノキ
カバノキ科 ハンノキ属
Alnus japonica

湿地や根元が水没するような水辺にも生える落葉高木。果穂は球果状で楕円形、長さ1.5〜2cm。10月頃に熟す。果実は堅果。堅果は広卵形で、果鱗とともに果穂に多数つく。堅果は狭い翼があり、風に舞うように散る。花は暖地では11月〜寒冷地では4月頃に咲く。北海道〜沖縄に分布。

大きな薄い膜状の翼で風に乗って飛ぶ

まだ若い果穂はぎっしり果鱗と堅果が詰まる

オオバヤシャブシ
カバノキ科 ハンノキ属
Alnus sieboldiana

海岸近くに生える落葉小高木。果穂は球果状で卵状楕円形、長さ2〜2.5cm。10〜11月に熟す。堅果は長楕円形で扁平、頂部に花柱が残り左右に翼がある。果鱗とともに果穂に多数つく。花期は3〜4月。砂防や緑化用に種子がまかれ道路沿いなどに多い。本州(福島県南部〜紀伊半島)に分布。

手を広げバンザイをしたような果鱗と残った花柱がくちばしのような堅果

初冬、熟した果穂はほぐれて堅果を飛ばす

ミズメ
カバノキ科 カバノキ属
Betula grossa

山地に生える落葉高木。果穂は球果状で長楕円形、長さ2〜4cm。上向きにつき10月頃に熟す。果実は堅果で扁平、頂部に花柱が残り翼がある。果穂は熟すと果鱗ごとほぐれて中軸が残る。花は4月頃葉の展開と同時に咲く。本州(岩手県以西)〜九州(高隈山まで)に分布する。

スダジイ
ブナ科 シイ属
Castanopsis sieboldii

暖地の山野に生える常緑高木。果実はドングリ（堅果）で、長さ12〜20mm、直径8.5〜9mmの狭卵形。未熟のうちは全体が殻斗に包まれ、成熟すると殻斗が先から3裂して姿を見せる。花期は5〜6月で、堅果は翌年の秋に成熟する。本州（福島・新潟県以南）〜九州（屋久島まで）に分布する。

成熟した堅果。殻斗には同心円状に鱗片がある

堅果。中の種子はアクが少ないので、軽く炒って食べるとなかなか旨い

5mm

山地に生える落葉高木。堅果は、堅い毛状の突起がある殻斗の中に、2個入っている。種子は生食でき、野生動物の貴重な食料でもある。約6年周期で豊作になる傾向がある。別名「蕎麦栗」。北海道（南部）〜九州に分布。

ブナ
ブナ科 ブナ属
Fagus crenata

葉は卵形。若葉は軟毛がある

殻斗は堅果を覆い成熟すると4裂する

堅果は卵形で3稜ある。長さ約1.5cm

葉は長楕円形でやや薄い

殻斗は小さく堅果が剥き出しになる

堅果は長さ1〜1.2cm。生食できる

山地に生える落葉高木。ブナよりも標高が低く、雪の少ない乾いた場所に多い。堅果はブナによく似るがやや小さく、殻斗が基部しか覆わないことや、垂れ下がってつくことが特徴。本州（岩手・石川県以南）〜九州に分布。

イヌブナ
ブナ科 ブナ属
Fagus japonica

ブナ目

アカガシ
ブナ科 コナラ属アカガシ亜属
Quercus acuta

暖地の山地に生える常緑高木。果実はドングリ（堅果）で長さ2cmほどの卵球形や長楕円形。花の咲いた翌年の夏から生長し、秋に熟す。殻斗は椀形で伏毛が密生し、鱗片は同心円状の環になる。花期は5〜6月。葉は全縁。材に赤みが強いことが名前の由来。本州（宮城・新潟県以西）〜九州に分布する。

アラカシ
ブナ科 コナラ属アカガシ亜属
Quercus glauca

暖地の山野に多い常緑高木。ドングリ（堅果）は長さ1.5〜2cmで、卵形や長楕円形など。殻斗は椀形で鱗片は同心円状で5環。高知県安芸地方では、アク抜きして粉にした種子を水で煮詰め、煮汁を固めた「かし豆腐」を食べる。花期は4〜5月。葉の上半に鋸歯がある。本州（宮城・石川県以西）〜沖縄に分布。

アカガシ
シラカシ

アラカシ

10mm

アラカシの堅果。アカガシと異なり、その年の秋に暗褐色に熟す。殻斗には短い伏毛が密生する

シラカシ
ブナ科 コナラ属アカガシ亜属
Quercus myrsinifolia

暖地の山地に生える常緑高木。ドングリ（堅果）は長さ1.6cmほどの卵形または楕円形。表面に濃褐色の縦条が目立つ。殻斗は椀形で同心円状の鱗片は6〜8環。全体に伏毛が密生する。花期は5月頃で、果実はその年の秋に熟す。葉は狭長楕円形でまばらな鋸歯がある。本州（福島・新潟県以西）〜九州に分布。

シラカシの堅果。枝の先端に集まってつく

ウラジロガシ
ブナ科 コナラ属アカガシ亜属
Quercus salicina

暖地の山地に生える常緑高木。ドングリ（堅果）は長さ1.2〜2cmの広卵形や楕円形。殻斗は椀形で伏毛が密生し、同心円状の鱗片は7環。カシ類のドングリは渋みが強く、十分にアク抜きをしないと食べられない。花期は5月頃で、果実は翌年の秋に熟す。本州（宮城・新潟県以西）〜沖縄に分布する。

オキナワウラジロガシ
ブナ科 コナラ属アカガシ亜属
Quercus miyagii

奄美大島以南〜西表島に分布する日本固有の常緑高木。ドングリ（堅果）は長さ3cm、直径2.5cmにもなり、日本産のドングリ（ブナ科植物の堅果）では最大になる。殻斗は椀形で、同心円状の鱗片は9環ほど。花期は1〜3月で、翌年の秋に果実が熟す。葉は大きく鋸歯はまばらか全縁。葉裏が白い。

ウラジロガシ

オキナワウラジロガシの堅果はドングリ好きには憧れの一品

ウメバガシ　　10mm

ウラジロガシはロウ物質を分泌して葉裏が白くなることが特徴

ウバメガシ
ブナ科 コナラ属コナラ亜属
Quercus phillyreoides

暖地の海岸近くに多い常緑低木。カシの名があるが、アカガシ亜属（カシ類）ではなくコナラ亜属（ナラ類）。ドングリ（堅果）は長さ2〜2.5cmの楕円形。殻斗は鱗片がコナラと同様に瓦状に重なる。花期は4〜5月で、果実は翌年の夏から生長し、秋に熟す。本州（神奈川県以西の太平洋側）〜沖縄に分布。

ウバメガシの堅果。表面に白っぽい伏毛がある

クヌギ
ブナ科 コナラ属コナラ亜属
Quercus acutissima

山野の雑木林を代表する落葉高木。ドングリ（堅果）は径2cmほどで、ほぼ球形。殻斗は椀形で被針形の鱗片に覆われ、先の方の鱗片はそり返る。身近に手に入るドングリでは最も大きく、子供たちに人気。花期は4〜5月で、果実は翌年の夏に生長して秋に熟す。本州（岩手・山形県以南）〜沖縄に分布。

カシワ
ブナ科 コナラ属コナラ亜属
Quercus dentata

火山周辺や海岸など、乾燥して痩せた土地でよく見られる落葉高木。ドングリ（堅果）は長さ2cmほどの広楕円形や楕円形。殻斗は椀形で被針形の鱗片に覆われる。鱗片は外側にそり返る。果実はその年の秋に熟す。葉は柏餅の葉として知られ、冬でも枯れ葉が枝に残る。北海道〜九州に分布する。

クヌギのドングリで独楽ややじろべえを作り、遊ぶこともできる

20mm

カシワのドングリは楕円形

アベマキ

アベマキ
ブナ科 コナラ属コナラ亜属
Quercus variabilis

山野の雑木林に生える落葉高木で、クヌギによく似る。ドングリ（堅果）は長さ1.8cmで広楕円形。殻斗は被針形の鱗片に覆われる。クヌギと同じ2年性で、果実は翌年の秋に熟す。クヌギに比べ葉は幅広で裏面が白っぽく、樹皮にコルク質が発達する。本州（山形県以南）〜九州に分布し、西日本に多い。

アベマキの堅果。翌年の夏に生長して秋に熟す

ブナ目

ミズナラ
ブナ科 コナラ属コナラ亜属
Quercus crispula

山地の林に生える落葉高木。ドングリ（堅果）は長さ1.8〜2.5cmの楕円形や長楕円形。殻斗は椀形で鱗片は瓦状に重なる。野生動物の重要な食料だが、人が食べるにはアク抜きが必要。果実はその年の秋に熟す。北海道〜九州に分布。日本海側北部には変種で小形のミヤマナラ（*Q.crispua* var. *horikawae*）が分布する。

コナラ
ブナ科 コナラ属コナラ亜属
Quercus serrata

クヌギとともに里山の雑木林を代表する落葉高木。ドングリ（堅果）は長さ1.5〜2.5cmの長楕円形。殻斗は椀形で鱗片は瓦状に重なる。花期は5〜6月で果実はその年の秋に熟すが、2〜3年周期で豊凶を繰り返す。落果はその年のうちに発根し、冬を越して翌年の春に子葉を伸ばす。北海道〜九州に分布。

コナラの堅果。拾ってきたまま放置しているとシギゾウムシなどの幼虫が出てくるので注意

ミズナラ

マテバシイ　20mm　コナラ

マテバシイ
ブナ科 マテバシイ属
Lithocarpus edulis

沿海地の山野に生える常緑高木で、街路樹などとしても植えられている。ドングリ（堅果）は長さ1.5〜2.5cmの狭卵形や長楕円形。殻斗は椀形で鱗片は瓦状に重なる。ドングリにはほとんど渋みがなく、食べられる。またクッキーや焼酎など、食品への利用も試みられている。九州〜沖縄に分布する。

マテバシイの堅果。本州以南の各地に植えられている

ブナ目

オニグルミ　クルミ科 クルミ属　*Juglans mandshurica* var. *sachalinensis*

堅果のしわのような凸凹は木によってその表情が違う

果実は肉質の花床が堅果を包みこんだ核果状の堅果。種子は脂肪分が多く、昔から料理や菓子などに使われる重要な食料だった

堅果の中は2枚の子葉が目立つ種子

山野の日当たりのよい林や川沿いに生える落葉高木。果実は堅果の外側を肉質の花床が包み核果状。卵球形で径3〜4cm、表面は褐色の毛が密生し数個が房状につく。9〜10月に熟す。堅果は先端がとがり、表面にしわのような凹凸がある。中の種子は脂肪分に富み食べられる。花期は5〜6月。堅果はリスなどによって運ばれ、また川に落ちたものは水の流れによって散布される。北海道〜九州に分布する。

個性豊かなオニグルミ

大きさも形も実にさまざま

　オニグルミと言っても、その核果は同じ種類とは思えないほど個性豊かだ。縦長のもの、横幅のあるもの、扁平なもの、全体に丸いものなど、いろいろ集めてみるとおもしろい。中には亜種ヒメグルミ（*J. mandshurica* var. *cordiformis* 上段中央）のように、表面に凸凹がなく先のとがったものもある。

Pterocarya rhoifolia クルミ科 サワグルミ属 **サワグルミ**

山地の川沿いの砂礫地に生える落葉高木で大きいものは高さ30mになる。果実は堅果で両側に小苞が発達した翼があり、それが10〜30個ついた果穂は葉のつけねからぶら下がり、7〜8月に熟す。翼をとり除いた堅果は小さいが、形はオニグルミと似ていて中には種子がある。花期は4〜6月。北海道〜九州に分布する。

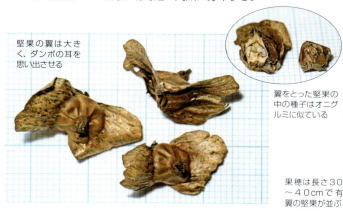

堅果の翼は大きく、ダンボの耳を思い出させる

翼をとった堅果の中の種子はオニグルミに似ている

果穂は長さ30〜40cmで有翼の堅果が並ぶ

ブナ目

Platycarya strobilacea クルミ科 ノグルミ属 **ノグルミ**

日当たりのよい林に生える落葉高木。果実は堅果。果穂は卵状楕円形で長さ2〜3cm。とがった苞が目立つ。果穂は翼のついた堅果が苞の間に詰まっていて、風の日などに舞い散る。花期は6月。雌花序は1個でその周りに数個の雄花序が直立してつく。本州（東海地方）〜九州に分布する。

堅果は両側に翼状になった2個の小苞がつく

枝に上を向いてつく若い果穂

熟した果穂は苞が開き堅果を飛ばす

ブナ目／ウリ目

ヤマモモ　ヤマモモ科 ヤマモモ属　*Morella rubra*

暖地の照葉樹林に生え、海岸近くに多い常緑高木。植栽もされる。雌雄異株。果実は核果。球形で径1.5～2cm。6月に熟し、外果皮が液質に肥大したところが食用となり、表面は密に粒状突起がある。核は表面に毛があり茶色。花期は3～4月。本州（関東地方南部以西）～沖縄に分布する。

果実は甘く暖地では果物として売られている。円内は核で長さ5～6mm。核は毛で覆われる（左は毛を取り除いたもの）

ドクウツギ　ドクウツギ科 ドクウツギ属　*Coriaria japonica*

山野の川原などに生える落葉低木。液果に見えるものは花後5個の花弁が肥大して球形になったもので、径約1cm。中に種子のような果実（痩果）が5個入っていて8～9月に赤～紫黒色に熟す。有毒植物で、赤色の未熟果が最も毒性が強い。花期は4～5月。北海道～本州（近畿地方以北）に分布。

肥大した花弁は径約1cm。淡紅色～赤、後に黒くなる

肥大した花弁の中に入っている果実（痩果）

ゴキヅル
ウリ科 ゴキヅル属
Actinostemma tenerum

水辺に生えるつる性の一年草。果実は蓋果。楕円形で先がややとがる。長さ約1.5cm。種子は広楕円形で背面は丸みがあり腹面は平らの器形。表面は粗い。果実の中に器形の種子が2個、縦に重なって入っているのが「合器蔓」の名の由来。花期は8〜11月。北海道〜九州に分布する。

蓋果はぶら下がってつく

蓋果は真ん中で横に割れて上部がとれ、その中に2個の種子がある

アマチャヅル
ウリ科 アマチャヅル属
Gynostemma pentaphyllum

林の縁などに生えるつる性の多年草。果実は液果で径6〜8mm。黒緑色で萼や花冠の跡が環状の線になって残る。液果に種子は1〜3個ある。種子の底面は平たい偏球形でいぼ状突起がある。花期は8〜10月。花は淡緑色。雌雄異株。本州〜九州に分布する。

果実は黒緑色でやや光沢がある

液果と種子。種子は熟すと茶褐色になる

アレチウリ
ウリ科 アレチウリ属
Sicyos angulatus

荒れ地や川原に大繁殖するつる性の一年草。果実は液果で長卵形。柔らかい刺と毛に覆われ、数個が集まる。液果に種子は1個。種子は楕円形で茶褐色、扁平でへその両側がやや盛り上がる。花期は8〜10月。日本各地に広がっている帰化植物。北アメリカ原産。

大きな金平糖のような集合果

液果とは思えない熟した果実と種子

スズメウリ
ウリ科 スズメウリ属
Neoachmandra japonica

湿った所に生えるつる性の一年草。果実は液果で、球形または卵形。細い果柄にぶら下がり、灰白色に熟す。種子は楕円形で平たく、両面に楕円形の浅いくぼみがある。果実に種子は 16〜20 個。花期は 8〜9 月。葉のつけねから花柄を出し白い小さな花をつける。本州〜九州に分布。

果実の割に種子は大きい。種子は重なって入っている

果実は長さ1〜2cm。色は独特で目を引く

カラスウリ
ウリ科 カラスウリ属
Trichosanthes cucumeroides

藪などに生えるつる性の多年草。果実は液果で球形や楕円形。種子はカマキリの頭、あるいは結び文の形に似ていて印象的。果実に種子は 20〜48 個。花期は 8〜9 月。花は夕方から咲き朝方にしぼむ。本州〜九州に分布。

別名タマズサ（結び文の古名）も種子の形から

果実は長さ 5〜7cm

花は夜に咲き蛾を引きつける

種子は果肉とともに鳥に食べられる

果実は長さ 8〜10cm

花のレース部分は短め

キカラスウリ
ウリ科 カラスウリ属
Trichosanthes kirilowii var. japonica

藪などに生えるつる性の多年草。果実は液果で楕円形。乾燥すると甘くなり鳥がよく食べる。種子は楕円形で縁は平たい。果実に種子は多数。花期は 7〜9 月。花は夕方から咲き朝方にはしぼむ。北海道（奥尻島）〜九州に分布。

シュウカイドウ
シュウカイドウ科 シュウカイドウ属
Begonia grandis

中国中南部原産の多年草。日陰の湿地に生育し庭の木陰などに植えられる。果実は蒴果で3個の翼があり1個は特に大きく張り出す。種子は狭長楕円形。表面に網目模様がある。果期は8～10月。秋に葉のつけねに無性芽ができ、落ちて新苗をつくる。野生化したものも見られる。

果実は翼果でもある。花期と比べるととても地味

種子はごく小さく風に飛ぶと思われるが、水気の多い所に育つので水散布も考えられる

カナムグラ
アサ科 カラハナソウ属
旧クワ科
Humulus scandens

道端や荒れ地に生えるつる性の一年草。果実期、雌花序の苞片は紫褐色に色づくことが多く先がそり返る。果実は痩果。円形で先端がとがる。花期は8～10月で雌雄異株。雄花は上向きの円錐花序につき雌花は短い穂状に下向きにつく。北海道～九州（奄美大島まで）に分布。

熟した果序の多数の苞片が開き、痩果が見える

痩果は先端が突起状で伏毛がある。縁は稜になる。表面はささくれたようで粗い

カラハナソウ
アサ科 カラハナソウ属
旧クワ科
Humulus lupulus var. *cordifolius*

山野に生えるつる性の多年草で、茎には刺がある。果序は多数の苞が重なりあって卵球形になり、柄でぶら下がる。苞は卵形でつけねに痩果を包み、痩果や苞にも黄色の顆粒状物がつき、特有の香りがする。花期は8～9月。雌雄異株。北海道、本州（中部地方以北）に分布する。

丸い果序はよく目につく。苞は紙質で触るとかさかさする

痩果は網目模様があり、苞の内側に包まれる。ビールに使われるホップと同じ仲間

ウリ目／バラ目

169

バラ目

ムクノキ
アサ科 ムクノキ属
旧ニレ科
Aphananthe aspera

雑木林などに生える落葉高木。果実は核果で球形、径1cmほど。はじめ緑色で粉をふいたような黒青色に熟す。核は扁球形で径8mmほど。表面はざらつく。花期は4～5月。雌雄同株。雄花は数個、雌花は1～2個つく。本州（関東地方以西）～沖縄に分布する。

核は先端に白い種枕がありざらつくが、ムクノキは葉もざらつき研磨用に利用された

しなびたぐらいの果実はやや甘味がある

エノキ
アサ科 エノキ属
旧ニレ科
Celtis sinensis

山地や沿海地に生える落葉高木。各地によく植えられる。果実は核果。球形で径6mmほど。秋に赤褐色に熟し甘味がある。核はほぼ球形でへそは急にとがり、表面には網目状の紋がある。花期は4～5月。本州～沖縄に分布。

核は白みを帯びる

果実は野生動物もよく食べる

葉は上部に鋸歯がある

核は褐色でエノキよりやや大きい

エゾエノキもよく動物に食べられる

葉の2/3以上に鋸歯がある

エゾエノキ
アサ科 エノキ属
旧ニレ科
Celtis jessoensis

山地の渓谷などに生える落葉高木。果実は核果。球形で径8mmほど。エノキより柄は長く、秋に黒色に熟す。核はほぼ球形でへその部分が不規則にとがり、表面は網状紋がある。花期は4～5月。北海道～九州に分布。

グミ科 グミ属 **グミの仲間**

バラ目

アキグミ
Elaeagnus umbellata

ナツグミ
Elaeagnus multiflora

オオバグミ
Elaeagnus macrophylla

川岸などに生える落葉低木。果実は萼筒下部が肥大した偽果。球形で径約8mmで果柄は短い。9～11月に熟す。種子は縦稜があり葉裏は鱗状毛に覆われる（円内）。花期は4～6月。北海道（渡島半島）～九州に分布。

海沿いなどに生える落葉低木。果実は偽果。長い果柄があり広楕円形で長さ約1.5cm。5～7月に熟す。種子は稜がある。葉裏は鱗状毛に覆われる（円内）。花期は4～5月。北海道（南部）、本州に分布。

海岸近くに生える常緑低木。別名マルバグミ。果実は偽果で鱗状毛に覆われ白っぽく見え、種子は縦稜がある。3～4月に熟し花期は10～11月。葉裏は鱗状毛に覆われる（円内）。本州～沖縄に分布。

バラ目

ヤマグワ・クワ　クワ科 クワ属　*Morus australis・M.alba*

左、ヤマグワの痩果。右、クワの痩果

ヤマグワの実。クワより小さいが味はこちらが美味。黒く熟した頃が甘い

左、ヤマグワの集合果。右、クワの集合果

ヤマグワもクワ（マグワ）も果実は集合果。1個の果実は液質になった花被に包まれた痩果で、これらが集まる。熟した集合果はともに黒紫色で甘い。痩果もよく似るが集合果も痩果もクワの方が大きい。ヤマグワは山地に生える雌雄異株の落葉低木。北海道〜九州に分布。クワは中国原産でかつては養蚕のために植えられた。

痩果はハンバーガーのような形で表面にはゴマ粒のような突起がある

葉のつけねにつく果実は毛に覆われている

クワクサ
クワ科 クワクサ属
Fatoua villosa

道端や畑、荒れ地などでふつうに見られる一年草。果実は痩果で、宿存する花被に包まれ花被は毛が多い。痩果は偏球形で3稜があり、表面に小突起がある。花期は9〜10月。葉のつけねに雄花雌花が混じってつく。葉がクワの葉に似ることからこの名がある。本州〜沖縄に分布する。

ヒメコウゾ
クワ科 コウゾ属
Broussonetia kazinoki

山地の林縁に生える雌雄同株の落葉低木。果実は痩果が集まった集合果。痩果は液質になった花被に包まれる。集合果は球形で径1〜1.5cm。熟すと甘く、食べられるが旨くない。痩果は偏球形で低い突起がある。花期は4〜5月。雌花は不稔のものもつく。本州〜九州(奄美大島まで)に分布する。

集合果は鮮やかな橙色。上に不稔の雌花がつく

痩果。果実は野生動物のよい食料で、糞から痩果や不稔の雌花も出る

カジノキ
クワ科 コウゾ属
Broussonetia papyrifera

雌雄異株の落葉高木。果実は痩果が集まった集合果で球形、橙赤色に熟し食べられる。痩果は2〜2.5mmほどで表面はざらつく。花期は5〜6月。雌花は不稔のものも混じる。分布は中国中南部や東南アジアで、日本では昔は布を作るために栽培され現在各地に野生化している。

集合果は径2〜3cmと大きくよく目立つ

液質になった子房の柄の先に痩果はある。円内は痩果

イヌビワ
クワ科 イチジク属
Ficus erecta var. *erecta*

暖地の山野に生える落葉小高木。果実はイチジク状果で、果嚢(かのう、袋状の果序)の中で痩果が熟す。果嚢は球形、径約2cmで黒紫色に熟す。痩果はほぼ球形。花期は4〜5月。雌雄異株で雄花嚢の内側には雄花と虫えい花、雌花嚢には雌花がつく。本州(関東地方以西)〜沖縄に分布。

やや若い夏の頃の果嚢。イタビともいう

果嚢の断面と若い痩果

バラ目

バラ目

核はやや平たくなめらか。核果に核は1個。核に種子は2個入っている

赤い実に黒く完熟した実が混じることも多い

クマヤナギ
クロウメモドキ科 クマヤナギ属
Berchemia racemosa

丘陵から山地の林内に生える、ややつる性の落葉低木。果実は赤色の核果で長さ5～7mm。完熟すると黒くなる。果実に核は1個。核は長楕円形でやや扁平。背腹両面に浅い縦溝がある。花期は7～8月。花は小さく黄緑色。果実は翌年の夏に熟す。北海道～九州に分布する。

核。ツヤがある。果実は甘い果柄とともに動物がよく食べ、糞の中の核はよく目立つ

果柄は冬でもドライフルーツのようで食べられる

ケンポナシ
クロウメモドキ科 ケンポナシ属
Hovenia dulcis

山野の林内に生える落葉高木。果実は核果。球形で径7～10mm。9月頃汚白色に熟し、肥厚して節くれたような果柄の先につく。果柄は甘く食べられる。核はやや平たく光沢がある。核果に核は3個ほど。花期は6～7月。緑白色の小さい5弁花が多数咲く。北海道（奥尻島）～九州に分布。

核は基部が逆Ｖ字形にくぼむ。果実は枝の上側に直立してつき葉の陰にはならない

果実（核果）ははじめ黄色で後に暗赤色になる。

ヨコグラノキ
クロウメモドキ科 ヨコグラノキ属
Berchemiella berchemiifolia

山地の林に生える落葉小高木。果実は核果。長楕円形で長さ7～9mm。初め黄色く、後に暗赤色に熟す。核は狭長楕円形で背腹両面に浅い溝があり、溝の基部は逆Ｖ字形に切れ込む。核果に核は1個、核に種子は1個。花期は5～6月で花は両性。黄緑色で小さい。本州～九州に分布。

クロウメモドキ
クロウメモドキ科 クロウメモドキ属
Rhamnus japonica var. *decipiens*

山地の林内などに生える落葉低木。枝の先は刺になるものが多く、短枝も多い。果実は核果でほぼ球形。核は長楕円形や倒卵形などで1個の縦溝がある。核果には核が2〜3個入っている。花期は春。雌雄異株。果実は10月頃に熟す。本州（関東地方以西）〜九州に分布。

果実は径6〜8mmほど。柄があり、黒く熟す

核は黒く、腹面が平らなものや、やや稜状になるものがある

イソノキ
クロウメモドキ科 イソノキ属
Frangula crenata

山野の湿った所に生える落葉低木。枝は刺にならず、短枝も発達しない。果実は核果でほぼ球形。核は卵形で背面は丸みがあり、腹面は縦の溝がある。核果には核が3個ほど入っている。花期は6〜7月で花は両性。果期は7〜9月で、赤色から黒紫色に熟す。本州〜九州に分布。

果実は径6mmほどで有柄。赤色と黒色が同時に見られる

核は灰褐色。へそ部分は両端が盛り上がり、色が明るく目立つ

オランダイチゴ
バラ科 オランダイチゴ属
Fragaria × *ananassa*

一般にイチゴと言えば本種。南北アメリカ大陸産の野生種を交配させ、オランダで生み出された多年草の栽培種。日本でも現在は多くの品種が生み出されている。可食部は花托が肥大した偽果で、果実は表面にあるツブツブ。この偽果状の集合果をイチゴ状果という。露地では5〜6月が収穫期。

偽果は赤く熟し、甘く芳香がある

果実は痩果で、長さ1.5mmほどと小さいが、花托の表面に多数つく

175

クサイチゴ バラ科 キイチゴ属 *Rubus hirsutus*

核は左右不相称な楕円形で、表面には凸凹がある

果実の断面。中央の白っぽい部分が花床で、まわりの粒々が核果。他のキイチゴ類より粒が細かい

山野の林縁や草地にふつうに見られる落葉低木。果実は集合果。肥大した花床に多数の核果がついたもので、キイチゴ状果と呼ばれる。暖地では花は3月から咲き始め、果実も5月には赤く熟す。果実は核が気になるが甘酸っぱく食べられる。葉は3〜5枚の奇数羽状複葉。本州〜九州に分布する。

果実（集合果）は径1cmほど

核は長さ1.5mmほどで網目状の凸凹がある

果実は径1〜1.5cm

モミジイチゴ
バラ科 キイチゴ属
Rubus palmatus var. coptophyllus

林縁の藪などに生える落葉低木。果実は細長い枝に下向きにつき、初夏の頃に橙黄色に熟す。核は扁平な勾玉形。花期は4月。本州（中部地方以北）に分布する。

核は扁平な半円形で、長さ2mm弱

果実は径1cmほど

クマイチゴ
バラ科 キイチゴ属
Rubus crataegifolius

林縁や荒れ地に生える落葉低木。果実は7〜8月に赤く熟し、完熟したものは甘くて食べられる。核果はやや先がとがる。花期は5〜7月。北海道〜九州に分布する。

ニガイチゴ
バラ科 キイチゴ属
Rubus microphyllus

林縁などに生える落葉低木。果実は6～7月に赤く熟す。核をかじると苦みを感じることがあるのが名前の由来。葉や茎に白ロウ質の粉がつく。本州～九州に分布。

果実は径1cmほど

核は長さ1.5～2mm

エビガライチゴ
バラ科 キイチゴ属
Rubus phoenicolasius

山地の林縁などに生える半つる性の落葉低木。多数の腺毛があるのが特徴で、果実も腺毛の生えた萼が目立つ。花期は6～7月で果実は夏に熟す。北海道～九州に分布。

果実は径1.5cmほど

核は長さ2mmほど

フユイチゴ
バラ科 キイチゴ属
Rubus buergeri

山地や沿海地の林縁、林内に生えるつる性の常緑小低木。秋に花が咲き、果実が晩秋から冬に実る。核果の粒は大きめ。本州（関東地方、新潟県以西）～九州に分布。

果実は径1cmほど

核は長さ2mmほど。表面の模様も独特

ヨーロッパキイチゴ
バラ科 キイチゴ属
Rubus idaeus

一般にラズベリーと呼ばれ栽培される赤色系キイチゴ類の代表で、品種も多い。つる性の落葉低木。果実は集合果で6～10月に赤く熟し、ジャムなどの加工に向く。

果実は長さ1～2cm

核は長さ2mm強あり、生食では気になる

バラ目

バラ目

集合果は萼片や副萼片に隠れるような雰囲気。痩果は偏卵形で、長さ1mm強

集合果は4〜6月に実るが花ほどには目立たない

キジムシロ
バラ科 キジムシロ属
Potentilla fragarioides var. *major*

山野の日当たりのよい草地などにふつうに見られる多年草。果実は痩果で集合果になっているが、花托は肥大せずイチゴ状の偽果にはならない。花期は3〜5月。株は円く広がり、あまり立ち上がらない。葉は奇数羽状複葉で小葉は5〜9枚であることが近似種との見分けのポイント。

痩果は長さ1mmほど。左右不相称で断面は扇形。表面には筋模様がある

集合果は8〜10月頃に実る

ミツモトソウ
バラ科 キジムシロ属
Potentilla cryptotaeniae

山地の谷沿いなど湿った場所に生える多年草。果実は痩果で集合果になるが、花托は肥大せずイチゴ状の偽果にはならない。またキジムシロと同様に、熟しても赤くはならない。7〜9月に黄色い花を咲かせる。葉は3枚の小葉があり、全体に毛が多い。北海道〜九州に分布する。

痩果は卵形や半楕円形。膜状の複数の縦の筋がある。花や実は小さいが痩果も小さい

若い果実。径3〜5mmほど。萼と副萼片が残る

ヒメヘビイチゴ
バラ科 キジムシロ属
Potentilla centigrana

山野の湿った道端などに生える多年草で、やや寒冷な地域に見られる。茎は長く地を這って伸び広がる。果実は痩果で集合果になるが、花托は肥大せず萼や副萼片が残る。花期は6〜8月。花は黄色で小さく、細い柄の先につき集合果も小さい。北海道〜四国に分布する。

オヘビイチゴ
バラ科 キジムシロ属
Potentilla anemonifolia

やや湿った草地や田の畦などに生える多年草。果実は痩果の集合果。花托は肥大せず、また熟しても赤くならない。ヘビイチゴに似て全体に大きいことが名前の由来だが、果実の特徴はキジムシロに似る。花期は5～6月。葉は掌状複葉で、5枚の小葉がある。本州～九州に分布する。

集合果は熟すと茶色っぽくなる

痩果はややいびつな楕円形で、表面に数本の隆条がある。長さ1mmに満たない

道端や草地などに生える多年草。花の後、花托が肥大して偽果（イチゴ状果）になり赤く熟すが、海綿質で食べても旨くない。表面に光沢はなく、まばらな細毛がある。果実は痩果。花期は4～6月。日本全土に分布する。

ヘビイチゴ
バラ科 キジムシロ属
Potentilla hebiichigo

偽果は径1.2～1.5cm

痩果にはこぶ状小突起が多数ある

痩果は長さ1mm前後で、いびつな楕円形

偽果は径2～2.5cm

痩果にはこぶ状の小突起がない

痩果は径1mm強で、扁平な楕円形

ヘビイチゴに似るが、林縁の藪などに生える多年草。花托が肥大した偽果は、表面に光沢があり無毛。また痩果にも光沢があり、表面に小突起がないこともヘビイチゴとの区別点。花期は4～6月。本州～九州に分布する。

ヤブヘビイチゴ
バラ科 キジムシロ属
Potentilla indica

バラ目

バラ目

ノイバラ
バラ科 バラ属
Rosa multiflora

果実は長さ3～4mm。偽果のまま乾燥させたものを営実と呼び、生薬にする

偽果は径6～8mm。多数つくのでよく目立つ

林縁や原野などに生える落葉低木。果実に見えるのは花托が肥大し液果状になった偽果。卵円形の壺状で秋に赤く熟す。果実は痩果で偽果の中に5～12個入っている。花期は5～6月。白い花を円錐花序につけ、よく目立つ。クシの歯状に切れ込みのある托葉が特徴。北海道～九州に分布する。

テリハノイバラ
バラ科 バラ属
Rosa luciae

果実は10個ほどあり、長さ4～5mm。3稜あり、断面が三角形～扇形

偽果は径8～10mm。先端に花柱などが残る

海岸から山地の日当たりのよい場所に生える、つる性の落葉低木。偽果は卵円形か球形で、秋に赤く熟す。ノイバラより少し大きく、実つきはまばら。果実は痩果で、偽果の中に複数個ある。花期は6～7月。葉はやや革質で表面に光沢があることが名前の由来。本州～沖縄に分布する。

ハマナス
バラ科 バラ属
Rosa rugosa

果実は痩果で長さ5～6mm。偽果が赤く熟しても、色は白い

偽果は径2～3cm。ビタミンCを豊富に含む

海岸の砂地に生える落葉低木。偽果は偏球形で大きく、先端に萼片が残る。秋に赤く熟すと甘くて食べられる。偽果1つに痩果は60～100個前後も入っている。ハマナスの名はこの偽果に由来し、「浜梨」説と「浜茄子」説がある。北海道～本州（太平洋側は茨城県、日本海側は島根県まで）に分布する。

ダイコンソウ
バラ科 ダイコンソウ属
Geum japonicum

山野の林縁などに生える多年草。果実は痩果で、球形で径1.5cmほどの集合果になる。果床に黄褐色のやや長い毛があるほか、痩果にも毛が多い。また痩果に残った花柱の先端はかぎ状に曲がり、これによって動物や人の衣服について散布される。花期は6〜8月。北海道〜九州に分布する。

集合果。痩果は花柱の先が関節でS字状に曲がる

痩果に残った花柱の先端は、成熟すると関節で脱落してS字状からかぎ状になる

キンミズヒキ
バラ科 キンミズヒキ属
Agrimonia pilosa var. *viscidula*

林縁や道端の草地に生える多年草。果実は痩果で径3mmほどで、萼筒に包まれたまま成熟する。萼筒の縁には先がかぎ状に曲がった刺があり、これによって動物の毛や人の衣服について運ばれ散布される。花期は7〜10月。葉は奇数羽状複葉で、小葉は5〜9枚。北海道〜九州に分布する。

細長い花序に多数の果実がつく

萼筒に包まれた果実（円内）と、萼筒を剥いて取り出した痩果。痩果は俵形

ワレモコウ
バラ科 ワレモコウ属
Sanguisorba officinalis

山野の日当たりのよい草地に生える多年草。密集した穂状花序を持つため、果実は複合果状になる。果実は痩果で萼筒に包まれ、先端に暗紅紫色で4枚の萼片が残っている。花は8〜10月に花序の上から咲く。花に花弁はないが、開花時は萼もピンク色で黒い葯が目立つ。北海道〜九州に分布する。

花よりも果穂になった状態を見る機会が多い

萼筒に包まれた痩果は稜があり、やや角張った楕円形。長さ2.5mmほどになる

バラ目

ヤマブキ バラ科 ヤマブキ属 *Kerria japonica*

山野の谷沿いの林縁など、やや湿った場所に生える落葉低木。果実は痩果で1〜5個つくが5個は稀。萼に囲まれ9月頃暗褐色に熟す。八重咲き品種のヤエヤマブキ（*K.japonica* f. *plena*）は雄しべが花弁化し、雌しべも退化していて果実はできない。花は4〜5月に咲く。北海道（南部）〜九州に分布。

痩果は長さ4mmほどで、左右不相称の広楕円形。果皮を剥くと褐色の種子がある

痩果は5個つくものは滅多にない。果期にも萼片が残る

美しい花は庭木や公園樹でもお馴染み

シロヤマブキ バラ科 シロヤマブキ属 *Rhodotypos scandens*

中国地方の石灰岩地などに稀に生える落葉低木。花が美しいので庭木や公園樹として各地に植えられている。果実は痩果で黒くて光沢があり、ふつう4個つく。長さ7〜8mmで、9〜10月に熟す。ヤマブキの名があるがシロヤマブキ属の1属1種。花が白く、花弁と萼片が4枚、葉は対生する。

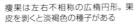

痩果は左右不相称の広楕円形。果皮を剥くと淡褐色の種子がある

果実。ヤマブキの果実が5個つくのに対し、本種は4個つく

花は4〜5月に咲く

バラ目

Neillia incisa バラ科 コゴメウツギ属 **コゴメウツギ**

山野の林縁などに生える落葉低木。果実は袋果で、径2～3mmの球形。表面には軟毛が生える。9～10月に成熟すると裂開し、中から1～2個の種子を落とす。種子は径1.5～2mmの倒卵形。花が小さいことから「小米」の名があり、花期は5～6月。北海道～九州に分布し、太平洋側に多い。

種子は倒卵形。色は赤褐色で、へそから腹面に1本の隆条がある

花弁は5枚だが萼片も白く花弁に見える

果実は垂れ下がり、果実期にも萼片が袋果を包んでいる

Neillia tanakae バラ科 コゴメウツギ属 **カナウツギ**

山地の林縁や谷沿いなどに生える落葉低木。果実は袋果で、長さ3mmほどの卵形。果実期も萼に包まれている。種子は径1.5mmほどの倒卵形。袋果も種子も近縁のコゴメウツギに似ているが、袋果は垂れ下がらない。花は6月頃に咲く。本州（近畿地方以東～秋田県、主に関東・中部地方）に分布する。

種子もコゴメウツギによく似る。腹面に隆条がある

花はコゴメウツギに似るが、葉の形と大きさが特徴

果実は萼に包まれるが、垂れ下がらない

ユキヤナギ　バラ科 シモツケ属　*Spiraea thunbergii*

洪水時は水に洗われるような川岸の岩場に生える落葉低木。庭や公園に植えられるのは栽培品種。1つの花に5つの雌しべがあり、果実も5個が集まってつく。果実は袋果で成熟すると裂開して、中から紡錘形や広線形の種子を7個ほど出す。花期は4月。本州（宮城県以西）〜九州に局地的に分布。

種子は長さ2〜2.5mmで軽く、裂開した袋果から舞い散るように散布される

袋果は長さ3mmほど。裂開した姿も独特

花は雪のように白く、庭木としても人気

シモツケ　バラ科 シモツケ属　*Spiraea japonica*

日当たりのよい草地などに生える落葉低木で、庭木や公園樹としても植えられている。果実は袋果で長さ2〜3mm。5個が集まってつき、先端には花柱が残っている。秋に成熟すると裂開して、被針形や広線形の種子がこぼれ落ちる。シモツケ属やコゴメウツギ属のように袋果をつけるのはバラ科では少数派。花期は5〜8月。本州〜九州に分布する。

種子は1.5mmほど

1つの袋果に複数の種子が入っている

まだ若い果実。形もおもしろい

バクチノキ
バラ科 バクチノキ属
Laurocerasus zippeliana

暖地の海沿いの樹林に生える常緑高木。果実は核果で、少しゆがんだ紡錘形か長楕円形。花は9月頃咲き果実は翌年の5～6月に熟す。中には狭卵形や卵形の核が1個ある。名前は樹皮が剥ける様子を、博打で身ぐるみ剥がされることに例えたもの。本州(関東地方以西の主に太平洋側)～沖縄に分布。

核果は長さ1.8cmほどで、紫褐色に熟す

核は長さ1.2～1.5cm。表面には粗い網目模様がある。核の中にあるのが種子(右)

イヌザクラ
バラ科 ウワミズザクラ属
Padus buergeriana

山野の林に生える落葉高木。果実は核果で、径8mmほどの卵円形。7～9月に赤色から黒紫色に熟すが、苦くて食用には向かない。総状花序なので果実のつき方が他のサクラと違い、果期にも萼片が残っている。核は径4mmほどの卵円形。本州～九州に分布し、国外は済州島のみ分布する。

核果は卵円形。花序に葉がないのも特徴

核は丸みの強い卵円形で、先はややとがる。円内は核を割って取り出した種子

ウワミズザクラ
バラ科 ウワミズザクラ属
Padus grayana

山地の日当たりのよい谷筋などでよく見られる落葉高木。果実は核果で総状花序につき、径8mmほどの卵円形で先がとがる。若いつぼみや若い果実を塩漬けにしたものは「杏仁子」と呼ばれ珍重され、熟しはじめの果実は果実酒(杏仁子酒)に利用する。北海道(南部)～九州(中部まで)に分布。

核果。花序に葉がつくことがイヌザクラとの違い

核果も核(円内)も先のとがった卵円形。核は長径5～7mmで、表面はなめらか

バラ目

ソメイヨシノ　バラ科 サクラ属　*Cerasus × yedoensis*

核は長さ8mmほどで、扁平な広楕円形。色は白っぽく光沢は弱い

よく熟した核果。径1cmほどで、ほぼ球形

サクラを代表する種類であり、北海道から九州の各地で公園樹や街路樹として植えられている落葉高木。オオシマザクラとエドヒガンの交配種とされるが不稔性ではない。自家不和合性のためソメイヨシノだけが植えられた場所ではほとんど結実しないが、周辺に他種のサクラがあればよく結実し、種子は発芽能力もある。果実は核果で1個あり、花の後、5〜6月に黒紫色に熟す。

核果は同属のサクランボ（セイヨウミザクラ）と違い、苦くて食用には向かない

ヤマザクラ
バラ科 サクラ属
Cerasus jamasakura

山野の雑木林に生える落葉高木で公園などにも植えられている。果実は核果で5〜6月に黒紫色に熟す。核はやや扁平な広楕円形で長さ5〜6mm。果実はツキノワグマやタヌキなどの動物の重要な食料で、それらの糞とともに種子が散布される。本州（宮城・新潟県以西）〜九州に分布。

核は淡褐色で光沢はなく、表面には隆条がある

核果は径7〜8mmで、ほぼ球形をしている

バラ目

オオシマザクラ
バラ科 サクラ属
Cerasus speciosa

沿海地の山野に生える落葉高木。果実は核果で、長さ1.2cmと他種と比べて大きめ。5〜6月に黒紫色に熟し、苦みがあるが食べられる。核は扁平な広楕円形で長さ7mmほど。桜餅の葉は本種のもの。本州（房総半島、三浦半島、伊豆半島）、伊豆諸島に分布し、公園樹などにもされている。

核果は比較的大きめで、よく目立つ

核は背側（へそのない側）がややとがる。淡褐色で光沢はなく、表面はなめらか

ミヤマザクラ
バラ科 サクラ属
Cerasus maximowiczii

山地から亜高山に生える落葉高木で、北方ほど低い標高で見られる。果実は核果で径1cmほどの球形。総状果序につき、7〜8月に赤色から黒紫色に熟す。果柄には褐色の毛があり、基部には苞が残る。核はやや扁平な広楕円形で網目状の隆起がある。北海道〜九州に分布。

果実は総状につき、上向きになる。果柄の基部に残る苞が目立つ

核。表面に隆起があり、ほかのサクラ属と違っている

タカネザクラ
バラ科 サクラ属
Cerasus nipponica var. *nipponica*

高山帯に生える落葉小高木。果実は核果で、径8mmほどの球形。7〜8月に赤色から黒紫色に熟す。果柄に毛はない。核は扁平な広卵形で先がとがる。日本のサクラ類の中では最も標高の高い所に生え、北海道、本州（中部地方以北）に分布する。別名ミネザクラ。

果実。黒く熟し、山の鳥たちには大事な食べ物

核。広卵形で先がとがり、表面はなめらか。果実に1個入っている

バラ目

偽果の断面（上）と種子（左）。種子はいびつな涙滴形で、長さ6〜7mm

偽果は径3〜4cmで、外見もナシに似ている

クサボケ
バラ科 ボケ属
Chaenomeles japonica

山野の日当たりのよい草地や林縁に生える落葉小低木。花の後、花托が肥大した偽果（ナシ状果）がつき、9〜10月に黄色く熟す。その姿から「地梨」の別名もある。偽果は果肉が堅く生食できないが、香りがよく果実酒などに向く。芯の部分が果実で、涙滴形の種子がある。本州〜九州に分布。

種子は扁平な涙滴形（先細りの広楕円形）で、ナシやリンゴの種子によく似る

熟した偽果は甘酸っぱく生食のほか果実酒に向く

オオウラジロノキ
バラ科 リンゴ属
Malus tschonoskii

山地の乾いた尾根などに生える落葉高木。リンゴの仲間で、秋に径2〜3cmの偽果（ナシ状果）をつける。表面には皮目が多く、ナシを小さくした印象。10月頃に黄緑色から淡紅色に熟す。種子は長さ6〜7mm。別属のウラジロノキに似ることが名前の由来で、別名オオズミ。本州〜九州に分布。

種子は長さ4mmほど。内果皮の一部が変化した皮に包まれている

熟した偽果は甘酸っぱく、鳥がよく食べている

ズミ
バラ科 リンゴ属
Malus toringo

山地の湿地や川岸など湿った場所に生える落葉小高木。秋に径約7mmの偽果（ナシ状果）をつけ、9〜10月に赤く熟す。このことから「小梨」や「小林檎」の別名がある。また偽果が黄色く熟すキミズミという品種もある。種子は左右不相称の倒卵形。花期は5〜6月。北海道〜九州に分布する。

バラ目

カマツカ
バラ科 カマツカ属
Pourthiaea villosa var. villosa

山地の日当たりのよい林縁などに生える落葉小高木。倒卵形または楕円形の偽果（ナシ状果）は10〜11月に赤く熟し、甘くて食べられる。種子は左右不相称の紡錘形または長楕円形。背面に丸みがあり、断面は三角形に近い。花期は4〜6月。丈夫で粘りのある材が特徴。北海道〜九州に分布する。

赤い偽果はよく目立つ。果柄には皮目が多い

種子は長さ4mmほど。暗赤褐色で光沢はない。1つの偽果に3個ほどある

カナメモチ
バラ科 カナメモチ属
Photinia glabra

暖地の照葉樹林に生える常緑小高木。偽果はナシ状果で、径5mmほど。12月頃に赤く熟す。種子は1つの偽果に3〜4個あり、ゆがんだ倒卵形または楕円形。生垣にされるレッドロビンは本種とオオカナメモチの交配種で結実しないようだ。本州（東海地方以西）〜九州に分布。

複散房花序に赤い偽果が実り、よく目立つ

種子は長さ4mmほどで、腹面には隆条があることが多い

シャリンバイ
バラ科 シャリンバイ属
Rhaphiolepis indica var. umbellata

暖地の海岸に生える常緑低木で、道路の緑地帯などにも植栽されている。偽果はナシ状果で、径約1.2cmほどの球形。10〜11月に黒紫色に熟す。偽果にはふつう球形の種子が1個あり、径6〜8mm。ときには半球形の種子が2個あることもある。本州（東北地方南部以南）〜沖縄、小笠原に分布する。

偽果は果肉が少ないが、鳥がよく食べている

種子は偽果の大きさに比べて、とても大きい。色は暗茶褐色から暗赤褐色

バラ目

種子は淡い赤褐色で光沢はない。腹面が平らなものや稜があるものもある

偽果は表面に白い皮目がある

アズキナシ
バラ科 アズキナシ属
Aria alnifolia

山地のやや乾いた場所に生える落葉高木。偽果はナシ状果で、長さ8〜10mmの楕円形。10〜11月に赤く熟す。この偽果が小豆のように小さく梨に似ていることが名前の由来。種子は4個ほどあり、やや扁平で細長い倒卵形。長さ5〜6mm。花は5〜6月に咲く。北海道〜九州に分布する。

種子は片面に丸みがあり、反対面は平らであることが多い

表面に皮目が目立ち、果肉には石細胞が多い

ウラジロノキ
バラ科 アズキナシ属
Aria japonica

山地の林に生える落葉高木で、葉の裏面に綿毛が密生して白く見えるのが名前の由来。10〜11月に赤く熟すのは偽果（ナシ状果）で、長さ1cmほど。種子はふつう2個、扁平で細めの倒卵形か太めの倒被針形。長さは5.5mmほど。5〜6月に白い花を咲かせる。本州〜九州に分布する。

種子は長さ4mmほど。片方の面が丸みがあり、また片方の端が曲がるのが特徴

偽果は葉が落ちた後も残り鳥の冬場の食料になる

ナナカマド
バラ科 ナナカマド属
Sorbus commixta

山地から亜高山まで生える落葉高木で、北の地方では街路樹などとして植えられる。複散房果序に密に球形の偽果（ナシ状果）をつけ、9〜10月に赤く熟す。種子はふつう2〜3個あり、扁平な広倒卵形や広楕円形。花期は5〜7月。秋の紅葉の美しさでも知られる。北海道〜九州に分布する。

バラ目

トキワサンザシ
バラ科 トキワサンザシ属
Pyracantha coccinea

西アジア原産の常緑低木で、庭木として植えられる。秋から初冬、径6mmほどで偏球形の偽果（ナシ状果）が鈴なりになる。偽果の先端には萼の痕跡が残る。種子は長さ3mmほど。偽果は鳥に食べられ種子が散布される。

種子は腹面に稜があり、断面が扇形

偽果は鮮やかな紅色に熟す

花は5〜6月に咲く

種子はトキワサンザシに似るが、大きめ

偽果は橙黄色で大きめなのが特徴

花も似るが、葉は細長い

タチバナモドキ
バラ科 トキワサンザシ属
Pyracantha angustifolia

中国原産の常緑低木で、庭木として植えられる。偽果はナシ状果で、径6〜8mmの偏球形。秋から冬にかけ橙黄色に熟す。この偽果の形や色がタチバナに似ていることが名前の由来。種子は5個ほどあり、長さ3.5mmほど。

ケヤキ
ニレ科 ケヤキ属
Zelkova serrata

山野に生える落葉高木で、庭木や公園樹、街路樹としてよく植えられる。果実は痩果、偏球形で稜があり10月頃灰褐色に熟す。落葉時、痩果のついた枝は小さな葉とともに木から離れ、その葉が翼となり風に乗って飛ぶ。痩果は野鳥やリスの貴重な冬の食料。花期は4〜5月。本州〜九州に分布する。

翼を持たない果実は葉を翼代わりにして風に乗る

痩果と葉のついた小枝（円内は痩果）

バラ目

ハルニレ
ニレ科 ニレ属
Ulmus davidiana var. *japonica*

翼果。長さは1.2～1.5cm。翼は淡い褐色で透けるほど薄い

やや緑色の若い翼果。この頃には葉も出ている

山地に生える落葉高木。果実は翼果で5～6月に熟す。翼果は倒卵形で先端は切れ込み、中心よりやや上部、切れ込みに接して種子がある。全体に葉脈状の筋がある。花期は3～5月。花は小さく、赤褐色の雄しべの葯が目につく。北海道に多く本州では冷涼な所で見かける。北海道～九州に分布。

アキニレ
ニレ科 ニレ属
Ulmus parvifolia

翼果。長さ約1cm。左は翼をとった種子。ハルニレより翼果は小さく種子は大きめ

秋に葉が黄色に色づき、その頃翼果も熟す

山野に生え川岸などにも見られる落葉高木で植栽もされる。翼果は広楕円形で先端が切れ込み、葉脈状の筋がある。種子は広楕円形でごく扁平、翼果の中央につく。10～11月に熟す。花期は9月。花は小さく葉のつけねに数個が束生し、雄しべが目につく。本州（中部地方以西）～九州に分布。

オヒョウ
ニレ科 ニレ属
Ulmus laciniata

翼果。長さ1.2～2cmほどで前2種より大きい。翼は薄く種子部分がわかる

果実。花は葉が出る前に咲くので若葉の頃見られる

山地に生える落葉高木。翼果は倒卵形で薄く、先端に花柱が残り、切れ込みはないか小さい。種子は楕円形で、翼果の中央部にある。花期は4～6月。花は両性。翼果は6～7月に熟す。葉は先が3～5裂する独特の形のものが混じる。北海道～九州に分布するが、北海道に多い。

バラ目

カテンソウ
イラクサ科 カテンソウ属
Nanocnide japonica

山野の林下に生える多年草。群生することが多い。果実は痩果。痩果よりやや長い花被に包まれ、熟すとすぐ落ちる。痩果は広卵形で片面に低い稜がある。花期は4〜5月。雌雄同株。雄花は長い柄の先につき、雌花は柄がなく葉のつけねに固まってつく。雌花の花被片は4個。本州〜九州に分布。

雌花は小さく地味で目立たない

痩果。先端が小さく曲がる。果皮は白い短毛が散生する

ヤブマオ
イラクサ科 カラムシ属
Boehmeria japonica var. *longispica*

山野に生える多年草。果実は痩果。宿存する花被に1個包まれる。痩果は狭倒卵形や長楕円形。種子は楕円形。花期は8〜10月。茎の上部に穂状の雌花序、下部に雄花序をつける。果実期、痩果の集まりがさらに密接して、太く長い穂をつくる。北海道〜九州に分布。

果実期、果序の穂は花の時より太くなる

痩果は周りが翼状になり、上部に長い毛がある

メヤブマオ
Boehmeria platanifolia

痩果はヤブマオに似るがより小さく、上部の毛は短い。

カラムシ
Boehmeria nivea var. *concolor* f. *nipononivea*

痩果は楕円形で先がとがり、全面に伏毛がある。

ラセイタソウ
Boehmeria biloba

痩果は楕円形で両端がとがり、縁は翼状。伏毛がある。

マメ目

カラスノエンドウ
マメ科 ソラマメ属
Vicia sativa ssp. *nigra*

道端や草地、土手などにふつうに生えるつる性の越年草。左の3種のなかで最も大きく街中でも見られる。豆果は長さ3～4cm、熟すと真っ黒になり斜め上を向いて2裂し、よじれて種子を飛ばす。種子はほぼ球形、淡褐色で黒い斑があり、へそは線形。花期は3～6月。花は紅紫色。ヤハズエンドウとも言う。本州～沖縄に分布する。

左から、カスマグサ、スズメノエンドウ、カラスノエンドウの豆果と種子

カスマグサ

スズメノエンドウ

カラスノエンドウ

カスマグサ
マメ科 ソラマメ属
Vicia tetrasperma

道端や草地に生えるつる性の越年草。カラスノエンドウより小さい。葉先の巻きひげで他物に絡む。豆果は下を向き、長さ8～20mmで無毛。種子は3～6個。種子はほぼ球形で濃褐色、光沢はない。へそは長楕円形。花期は4～5月。花は淡紅紫色で、葉の腋から出た花柄の先に1～3個つく。本州～沖縄に分布。

スズメノエンドウ
マメ科 ソラマメ属
Vicia hirsuta

道端や草地などに生えるつる性の越年草。3種のなかで一番小さい。豆果は下を向き、長さ6～10mmで短毛に覆われる。熟すと2裂し種子を出す。豆果に種子は1～2個でほぼ球形、濃緑褐色～茶褐色で黒い斑がある。へそは長楕円形。花期は4～6月。花は白紫色で小さく、花柄の先に3～7個つく。本州～沖縄に分布する。

ナヨクサフジ

マメ科 ソラマメ属

Vicia villosa ssp. *varia*

道端や空き地に生えるつる性の一年草または越年草。果実は豆果で長さ2〜4cm。種子は2〜8個。種子はほぼ球形。花期は5〜7月。茎や葉は無毛か毛はまばら。よく似たビロードクサフジ(*V. villosa* ssp. *villosa*)は茎や葉に毛が多い。ともに緑肥などとして栽培もされる。ヨーロッパ原産。

豆果は熟す頃、淡褐色になる

種子（豆）は茶褐色で黒色の斑がありへそは淡褐色で大きい

ナンテンハギ

マメ科 ソラマメ属

Vicia unijuga

山野に生える多年草。茎は稜がありほぼ直立する。果実は豆果で、長さ2.5〜3cm。柄があり、無毛でなめらか。種子は豆果に3〜7個ほど入っていて、球形や楕円状でやや角ばり、へそ部分は線形で長い。種皮にはまだら模様がある。花期は6〜10月。北海道〜九州に分布する。

若い果実。果皮は無毛。2枚の葉があればわかりやすい

種子。黒と茶色のまだら模様がある。ほぼ球形だが、扁平なしいなと思われるものもある

ヤブマメ

マメ科 ヤブマメ属

Amphicarpaea bracteata ssp. *edgeworthii* var. *japonica*

野原や道端、林縁などに生えるつる性一年草。豆果は地上だけでなく、地中の閉鎖花にもできる。地上果は長さ2.5〜3cmで縁にだけ毛がある。熟すと2裂して種子を飛ばす。種子は3〜5個。地中果は地下の細いつるの先につき、種子は1個。花期は9〜10月。北海道〜九州に分布。

種子の迷彩の模様は鳥に食べられないための戦略

地中の閉鎖花からできた豆果と種子。種子に迷彩模様は見られない

マメ目

マメ目

ミヤコグサ
マメ科 ミヤコグサ属
Lotus corniculatus var. *japonicus*

種子。豆果が熟すと無数の種子が付近に散る

花の時期は長く花と豆果とが同時に見られる

海岸や日当たりのよい草地などに生える多年草。豆果は細長い筒状で長さ2.5～3cm。20～30個ほどの種子が並んで詰まり、熟すと果皮がねじれて2裂し、その勢いで種子を飛ばす。種子は腎円形で濃茶褐色、表面はなめらかで光沢はあまりない。花期は4～10月。北海道～沖縄に分布する。

クサネム
マメ科 クサネム属
Aeschynomene indica

豆果はちぎれると四角い片になって種子を守り水に浮く役割もする

まだ若い緑色の豆果と熟した茶色の豆果

川岸や水田脇など湿地に生える一年草。豆果は節果。広線形で無毛、長さ3～5cm。扁平で熟すと小節果ごとにちぎれ、水に落ちたものは浮き、地面に落ちたものは雨を待つ。種子は緑褐色、腎形でやや扁平。腹面の中ほどにへそがある。花期は8～10月。北海道～沖縄に分布する。

イタチハギ
マメ科 イタチハギ属
Amorpha fruticosa

種子。扁平でへその付近がくぼむ独特な形

果序にびっしりとついた若い豆果

砂防や緑化用として道路沿いに植えられる落葉低木だが、崩壊地や河原などで野生化している。豆果は長さ1cmほどで種子は1個。熟す頃表面はいぼ状突起に覆われる。種子は扁平で長楕円形、へそは端近くにあってくぼみ、片側は雁首状に曲がる。花期は5～6月。北アメリカ原産。

シロツメクサ
マメ科 シャジクソウ属
Trifolium repens

道端や草地、畑の脇などに生え、牧草としても栽培される多年草。果実期、萼や花冠は残り、豆果は下向きにしおれた花冠の中で熟す。種子は3～5個。種子は心臓形で熟すと茶色。花期は4～9月。帰化種だが、クローバーとも呼ばれる身近な植物。ヨーロッパ原産で江戸時代に渡来。

花は終わると外側のものから垂れていく

種子は小さなハート形でかわいらしい

ムラサキツメクサ
マメ科 シャジクソウ属
Trifolium pratense

道端や荒れ地などに生え、牧草としても植えられる多年草。豆果は卵形で両端がややとがるが、枯れてしおれた花冠の中にあり見えない。種子は1個。種子はゆがんだ心臓形～卵形、表面はなめらかで光沢はない。花期は5～8月。アカツメクサとも呼ぶ。ヨーロッパ原産の帰化植物で明治時代に渡来。

花は受粉したものから下を向く

種子は熟すと茶色。この仲間の豆果は裂開せず枯れた花冠ごと落ちる

コメツブツメクサ
マメ科 シャジクソウ属
Trifolium dubium

道端や河原、芝地など日当たりのよい場所に匍匐して広がる一年草。豆果は倒卵円形で長さ2mmほど。枯れてしおれた花冠に覆われる。種子は1個。卵円形で米粒に似るがより丸みがある。花期は5～7月。ヨーロッパ～西アジア原産の帰化種で各地で見られる。キバナツメクサとも呼ぶ。

果実期、花冠が下向きになった果穂と黄色の花穂

枯れた萼や花冠に包まれる豆果（上）。種子はなめらかで光沢がある

ハギの仲間 マメ科 ハギ属

キハギ
Lespedeza buergeri

ミヤギノハギ
Lespedeza thunbergii ssp. *thubergii* f. *thunbergii*

ヤマハギ
Lespedeza bicolor

山野に生え高さ2m以上になる落葉低木。豆果は長楕円形で両端がとがり、やや片側にそる。種子は1個。種子はゆがんだ楕円形でへその部分はやや厚くなる。花期は6〜9月。花は淡黄白色で翼弁は紫色。本州〜九州に分布。

庭や公園に植えられる落葉低木。豆果は円形〜楕円形で両端がとがり、裂開しない。種子は1個。種子は広楕円形。黄褐色で濃褐色の斑があり、へそは偏る。花期は7〜10月。花は紅紫色。枝先が長く垂れ下がるのが特徴。

山野に生える落葉低木で植栽もされる。豆果はほぼ円形で両端がとがり、裂開しない。種子は1個。種子はゆがんだ卵形でへそ側がやや細まる。花期は7〜9月。花は紅紫色で最もふつうに見られるハギ。北海道〜九州に分布。

Lespedeza cuneata マメ科 ハギ属 **メドハギ**

マメ目

日当たりのよい草地や河原などに生える多年草。豆果は広楕円形。扁平で先がとがりまばらに短毛がある。豆果はふつうの花のものと閉鎖花が結実したものがある。種子は1個。種子はゆがんだ卵形で扁平。へそは腹面の中心からややずれてつく。花期は8～10月。北海道～沖縄に分布する。

豆果（左）は熟すと茶色になる。種子（右）はやや光沢があり茶褐色の斑がある

旗弁に紅紫色の斑点がある花

萼片が長いふつうの花が結実した豆果

Desmodium podocarpum ssp. *oxyphyllum* var. *japonicum* マメ科 ヌスビトハギ属 **ヌスビトハギ**

林縁や草地などに生える多年草。豆果は節果でふつう小節果は2個。種子は小節果の中に1個でD字形。黄褐色～茶色でやや光沢がある。節果は表面にかぎ状の毛が密生し、動物などについて運ばれる。花期は7～9月。北海道～沖縄に分布。最近よく見かける帰化種のアレチヌスビトハギの節果は3～6個の小節果。

小節果と若い種子、種子は熟すと黄褐色～茶色になる

アレチヌスビトハギ（*D.paniculatum*）の節果

ヌスビトハギの節果はふつう2個

マメ目

ゲンゲ　マメ科 ゲンゲ属　*Astragalus sinicus*

水田の緑肥として植えられた二年草。豆果は長さ2～2.5cm。熟すと黒くなり、先は細まりくちばし状になって上を向く。種子はゆがんだ腎形。扁平でへそは半円形に湾入した奥にある。花期は4～6月。レンゲソウともいう。緑肥としては今は利用は減り、草地で野生化したものを見る。中国原産。

豆果にはゆがんだＣの字のような種子が並んで入っている

豆果ははじめ緑色。上向きに黒く熟す

コマツナギ　マメ科 コマツナギ属　*Indigofera pseudotinctoria*

野原や土手に生え草のように見える小低木で、高さは約80cmになる。豆果は円筒形で長さは2.5～3cm。種子は球形でへそがややくぼむ。花期は7～9月。本州～九州に分布。最近道路のり面で高さが2m以上ある似た花を見るが、土留用に種子を吹きつけた外国産のトウコマツナギと思われる。

豆果の中には種子が3～8個ある。円内は種子

トウコマツナギ（*I. bungeana*）と思われるものの果実

Robinia pseudoacacia マメ科 ハリエンジュ属 **ハリエンジュ**

各地で砂防用に植えられ川岸や土手、山林などで野生化している落葉高木。豆果は線形だが、やや幅広く長さは5～10cm。種子は長めの腎形。くぼんだ所にへそがある。花期は5～6月。花の時期、川岸や山の斜面を白く染め、あらためて、数の多さに驚かされる。ニセアカシアともいう。北アメリカ原産。

種子。幅の広い豆果にしては小さめ。濃褐色で光沢はなく突起状のへそが目立つ

純白の花は甘い香りがして美しい

写真の豆果は短めだが長いものもある

Styphonolobium japonicum マメ科 エンジュ属 **エンジュ**

庭木や街路樹として植えられる落葉高木。豆果は長さ4～7cm、数珠状にくびれ、裂開せず中にはべたつく果肉に包まれた種子があり、長く枝に残る。種子はゆがんだ楕円形で黒褐色、やや光沢があり、へそは端にかたよりややくぼむ。冬の野鳥や小動物の貴重な食料となり、ヒヨドリは果肉とともに種子を食べ糞には種子が混じる。花期は7～8月。花は黄白色。中国原産。

10月下旬、豆果は緑色でみずみずしい

種子はへその部分がややくぼむ

冬も終わる2月頃まだ枝についていた豆果と種子

オオバタンキリマメ(トキリマメ) マメ科 タンキリマメ属 *Rhynchosia acuminatifolia*

低山の林縁に生える、つる性の多年草。豆果は扁平な楕円形で、長さ1.2cmほど。暗紅色で、熟すと裂開して縁に黒色の種子がつく。種子は光沢があり、球形に近い腎形でへその部分はややへこむ。花期は7〜8月。本州(宮城県以西)〜九州に分布。近縁のタンキリマメ(*R. volubilis*)の種子はやや小さい。

裂開した豆果と種子。赤い果皮と黒い種子はよく目立つ

葉は卵形で3小葉。小葉の先はとがる

タンキリマメ。小葉は厚みがあり倒卵形

ノササゲ マメ科 ノササゲ属 *Dumasia truncata*

山地の林縁などに生えるつる性の多年草。豆果は倒被針形で長さ4〜5cm、濃紫色に熟し裂開すると縁に種子が残る。種子は3〜5個。球形で黒紫色、白粉をかぶるが、瞳のような光沢のある円形部分がある。果皮と種子は独特な色合いで晩秋の林で目を引く。花期は8〜9月。本州〜九州に分布。

裂開した豆果とその縁につく黒っぽい種子は地味な配色のわりによく目立つ

豆果は粉白を帯びた濃紫色

202

Pueraria lobata マメ科 クズ属 **クズ**

山野に生える大形のつる性半低木。豆果は扁平な狭長楕円形で長さ6〜8cm、淡褐色のかたい毛を密生し種子は5〜10個。種子は腎円形、茶褐色〜灰黄色で黒い斑がある。へそは腹面の中央につき、種子の大きさのわりに目立つ。花期は8〜9月。花は紅紫色。北海道〜九州に分布。

種子。若い種子は黒い斑が見られない。へそは楕円形で縁が高い独特な形

花は総状に多数つき甘い香りがする

若い豆果。多数が集まり垂れ下がる

Wisteria floribunda マメ科 フジ属 **フジ**

山野に生えるつる性の落葉木本で植栽もされる。豆果は広線形で長さは10〜20cm。熟すと2裂してねじれ勢いよく種子を飛ばす。種子はほぼ円形、扁平でかたく表面はなめらか。秋も深まる頃、森を歩くと豆果がはじけて種子を飛ばす音がする。花期は5月頃。本州〜九州に分布。ノダフジとも呼ぶ。

種子は大きく重さもあってかたく、飛んできたのに当たったら痛そう

丹沢山中で出会った花は息をのむほど美しかった

若い豆果。表面はビロード状に短毛を密生する

マメ目

ハマナタマメ
マメ科 ナタマメ属
Canavalia lineata

種子。黄褐色で滑らか。豆としてはボリュームがあるが、毒性がある

果実。大きく、葉の合間からもよく目につく

海岸近くに生えるつる性の多年草。豆果は大きく長さ5〜11 cm。背側の合わせ目に沿って2本の稜がある。種子は豆果に2〜5個あり、楕円状でへそは長い。花期は6〜9月。本州（関東地方以西）〜沖縄、小笠原に分布。よく似たナガミハマナタマメ（*C. rosea*）の種子はへそが短い。

ツルマメ
マメ科 ダイズ属
Glycine max ssp. *soja*

種子。広楕円形で長さは4〜5mm

豆果はヤブマメよりもやや幅が広い。長さは2〜3cm

日当たりのよい野原や道端などに生えるつる性の一年草。茎には下向きの毛がある。豆果は淡褐色の毛が密生、種子は2〜3個。種子は広楕円体でやや扁平、黒色で表面に茶褐色の鱗片がありざらつく。花期は8〜9月。ダイズは本種から改良されたと考えられている。北海道〜九州に分布する。

ネムノキ
マメ科 ネムノキ属
Albizia julibrissin

種子。扁平な種子は豆果の中で横向きに並んで入る

まだ若い豆果。長野の木曽山中で10月上旬撮影

川岸や開けた林に生える落葉高木で、高さは10mほどになる。豆果は長さ10〜15cmで熟すと淡褐色になる。種子は10〜18個。種子は楕円形で扁平、濃褐色で光沢はあまりない。両面にうっすらとU字形の隆条模様がある。花期は6〜7月。本州〜沖縄に分布する。

ジャケツイバラ

マメ科 ジャケツイバラ属
Caesalpinia decapetala var. *japonica*

山地の林縁や川岸に生え鋭い刺のあるつる性の落葉木本。豆果は長さ7～10cmで、種子は4～8個ほど。10～11月頃横向きに熟すと上部が開き、種子が見える。種子は楕円形で黒茶褐色、茶褐色の縞状の斑が入る。花期は5～6月。花は黄色で、時季には山腹を彩る。本州～九州に分布する。

冬枯れの林で枝先につく豆果

晩秋から冬の間、空に向いて開いた豆果の中の種子が見える

カワラケツメイ

マメ科 カワラケツメイ属
Chamaecrista nomame

河原や土手などに生える一年草または多年草。豆果は線形で長さ3～4.5cm。平たく、伏毛がある。豆果に種子は8～10個ほどあり、ほぼ四角形。角の1つはへそで小さくとがる。花期は8～10月。葉や果実はお茶の代用とされ、民間薬にもされる。北海道～九州に分布。

果実は上向き。黒く熟すが若いものは緑色で縁が紅く色づく

種子。平たく、点線状の縦の筋があるが、表面はなめらか

サイカチ

マメ科 サイカチ属
Gleditsia japonica

川岸などの水辺に多く公園や寺社などにも植えられる落葉高木。高さ20mになり、幹や枝に刺がある。豆果は線形で長さ20～30cmもあり、幅も広く扁平でねじれて垂れ下がる。種子は10～25個。種子は楕円形で平たい。花期は5～6月。花は小さく黄緑色で穂状につく。本州～九州に分布。

豆果はサポニンを含み石鹸の代用として使われた

種子は皀角子（そうかくし）と呼ばれる漢方薬となる

マメ目

カタバミ目

ヒメハギ　ヒメハギ科 ヒメハギ属　*Polygala japonica*

山野の日当たりのよい所に生える常緑の小さな多年草。果実は蒴果。扁平な心円形で両側に翼があり径7〜8mm、淡紅色。種子は卵形で黒褐色。へそはとがった側にあり、3個の白い種枕状の仮種皮が残る。種子表面にも仮種皮にも白い毛がある。花期は4〜7月。北海道〜沖縄に分布する。

種子につく白い仮種皮はアリの好む物質があり、アリが運ぶ

しゃれた色合いの蒴果

個性的な色合いとデザインの花

カタバミ　カタバミ科 カタバミ属　*Oxalis corniculata*

道端や庭、畑などにふつうに生える多年草。果実は蒴果。円柱形で先が細まり長さ1.5〜2.5cm。種子は水滴形でやや扁平、細い側の先にへそがある。表面には横長のくぼみが並ぶ。蒴果は熟すと縦に裂け種子をはじき飛ばす。花期は5〜9月だが、ほぼ通年見られる。日本全土に分布する。

種子。表面のくぼみは肋骨のように見える

種子の飛び出す瞬間。種子は右側の空中を飛んでいる

蒴果は直立し、熟すと突然種子を飛ばす

オトギリソウ
オトギリソウ科 オトギリソウ属
Hypericum erectum

山野の明るい場所に生える多年草。果実は蒴果。卵形で長さ1cmほど。先がやや細まり、熟すと3つに裂け種子を出す。種子は円柱形で表面には細かい突起が規則的に並びやや光沢がある。花期は7〜9月。花は黄色で、花弁や萼片に黒点、黒線がある。北海道〜沖縄に分布する。

果実。萼の黒点と黒線が残る

種子は短いサラミソーセージのような形で色合いもよく似ている

キントラノオ目

トモエソウ
オトギリソウ科 オトギリソウ属
Hypericum ascyron ssp. *ascyron* var. *ascyron*

山地や丘陵の明るい草地に生える多年草。果実は蒴果。丸みを帯びた円錐形で長さは1.5cmほど。種子は短い円柱形で茶褐色、やや光沢があり表面には細かい突起が並ぶ。花期は7〜8月。花は黄色。巴草と書き、花弁がねじれているのでこの名がある。北海道〜九州に分布する。

蒴果は大きく、先端がとがり存在感がある

種子は細かい突起が並び、実のつまったトウモロコシを思わせる

日本を照らした種子の灯

現在のように石油が使われる以前は、油と言えば植物油が一般的だった。その植物油の多くは種子から搾油され、原料となる植物は数十種に及ぶ。用途も食用の他、石鹸や化粧品、塗料などの原料など、幅広い。日本では、主に灯火用として奈良時代にエゴマの種子から油が採られ、他にゴマ油も使われた。中世以降はそれらに代わって菜種油が主流になり、現在でも食用サラダ油の原料として広く使われている。

エゴマ（*Perilla frutescens* var. *frutescens*）。東南アジア原産のシソ科一年草

キントラノオ目

種子は長さ約1.6mm。ヘそに種枕（珠皮起源の付属物）がある。これはエライオソームになり種子はアリに散布される

タチツボスミレ
スミレ科 スミレ属
Viola grypoceras var. *grypoceras*

山野から人家周辺までふつうに見られる多年草。果実は蒴果。はじめは楕円形で成熟すると裂開し、種子を載せた3つの舟形の裂片になる。それぞれの裂片は乾燥すると両縁が内側にすぼみ、種子をはじき飛ばす。種子は倒卵形。果実期には茎が長く伸びる。日本全土に分布。

裂開前の果実。左は種子が飛ぶ様子

種子は褐色で、1本の縦隆条がある

果実ははじめ下を向く

スミレ
スミレ科 スミレ属
Viola mandshurica

日当たりのよい草地などに生える多年草。果実は蒴果。種子は長さ1.8mmほどの倒卵形で、へそ側がとがり種枕がある。果実に種子は30〜50個。日本全土に分布。

種子は黒っぽい斑点模様で、種枕がある

果実は小さめな楕円形

ツボスミレ
スミレ科 スミレ属
Viola verecunda

山野の草地に生える多年草。果実も種子も小さめ。果実は蒴果で、中に20〜30個の種子がある。種子は倒卵形で約1.3mm。北海道〜九州（屋久島まで）に分布。

マルバスミレ
スミレ科 スミレ属
Viola keiskei

山野の日当たりのよい場所に生える多年草。蒴果はやや丸みの強い楕円形。種子は黒色の卵球形で、長さ約1.7mm。種枕がある。本州〜九州（屋久島まで）に分布。

果実は丸みがある

1つの果実に種子は30個前後入っている

アオイスミレ
スミレ科 スミレ属
Viola hondoensis

山野に生える多年草。蒴果はほぼ球形で毛が多い。根元に下向きについて、他のスミレ類と違い種子は飛ばさずに落とす。果実に種子は10〜20個ある。本州〜九州に分布。

果実は径6mmほど

種子は黄白色で大きめ。隆条と種枕がある

アリアケスミレ
スミレ科 スミレ属
Viola betonicifolia var. *albescens*

平地のやや湿った場所に多い多年草。蒴果は楕円形。種子は長さ約1.5mmの倒卵形で暗黄褐色。へそ部分に種枕があり、片側に太い縦隆条がある。本州〜九州に分布。

果実と裂開後の果実（上）

種子の種枕はエライオソームになる

エイザンスミレ
スミレ科 スミレ属
Viola eizanensis

山地の林内に生える多年草。蒴果は楕円形。種子は倒卵形でへそ部分に種枕がつき、先端に輪があり片側に筋がある。葉は他種と違い、深く切れ込む。本州〜九州に分布する。

今にも種子が飛びそうな果実

種子。時間がたち種枕は目立たない

キントラノオ目

キントラノオ目

種子の口に当たる部分に
へそがあり白い毛がつく

果穂。空に舞う綿毛を柳絮
（りゅうじょ）と呼ぶ

バッコヤナギ
ヤナギ科 ヤナギ属
Salix caprea

山地に生える落葉高木。雌雄異株。果実は蒴果。披針形で柄がある。蒴果は多数集まって果穂となり、長さ約8cm。5月に裂開する。種子は緑色で徳利状。その口に当たる部分に純白の毛がつく。花は3月。別名ヤマネコヤナギ。北海道（南西部）～本州（近畿地方以北）、四国に分布。

種子。先端に純白の綿毛がつき、春、ふわふわと風に飛ぶのをよく見る

果穂。種子がつまって太って見える裂開直前の蒴果がつく

イヌコリヤナギ
ヤナギ科 ヤナギ属
Salix integra

山野の川沿いに多い落葉低木。雌雄異株。果実は蒴果で、多数が集まり長楕円形の果穂となる。蒴果は5月に熟すと2裂して種子を出す。種子はごく小さく、長く白い毛がついていて柳絮となって飛ぶ。果穂も葉も主に対生につくが互生することもある。花は3月頃に咲く。北海道～九州に分布。

種子。へそ部分につく白い毛はすぐはずれて綿毛の中に種子があるように見える

果穂。果実が開き出てきた綿毛に覆われている

ネコヤナギ
ヤナギ科 ヤナギ属
Salix gracilistyla

水辺に生える落葉低木。雌雄異株。果実は蒴果で多数が集まり、円柱状で3～6cmの果穂になる。蒴果は熟すと2裂して種子を出す。種子は狭倒卵形。へその部分は切形で白い冠毛がつき、種子はその冠毛に包まれ風に飛ぶ。花期は3月頃。雌花の花柱は長い。北海道～九州に分布。

カロリナポプラ
ヤナギ科 ヤマナラシ属
Populus angulata

公園などに植えられる落葉高木。果実は蒴果で楕円形。長い穂状になってぶら下がる。6月に熟し裂開。綿毛のついた大量の種子を飛ばす。花期は4月。北アメリカ原産。ポプラの仲間は日本にはドロノキ、ヤマナラシがあるが、外国産のギンドロ、セイヨウハコヤナギなどが植えられポプラと呼ばれる。

果穂。蒴果が裂開して種子を飛ばしている

樹下の草むらに積もる種子についた綿毛。草むらは一面白くなる。円内は種子

キントラノオ目

イイギリ
ヤナギ科 イイギリ属
旧イイギリ科
Idesia polycarpa

山地に生える落葉高木。植栽もされる。果実は液果。球形で径8〜10mm。種子は60〜80個。10〜11月に赤く熟す。種子は卵形でへその方が細くなり、暗赤色で表面は薄い膜で覆われる。雌雄異株。花期は4〜5月。液果は遅くまで残り野鳥たちの冬の食料になる。本州〜沖縄に分布する。

赤い液果は枝先にたくさんぶら下がりよく目立つ

種子。液果には小さな種子がびっしりと詰まっている

コミカンソウ
コミカンソウ科 コミカンソウ属
旧 トウダイグサ科
Phyllanthus lepidocarpus

道端や畑地に生える高さ5〜10cmの小さな一年草。蒴果は赤褐色で偏球形、径3mmほど。表面に小さなコブが密にある。種子は4〜5個。種子は黄褐色で半円形。ミカンの房の1つのような形で背面には横に走る筋が並ぶ。花期は7〜10月。花は小さく枝の下側に並ぶ。本州〜沖縄に分布。

ミカンを思わせる蒴果。上には雄花が見える

種子。背面に横の筋が並ぶ。下の1個の真ん中のくぼみがへそ

キントラノオ目

白いロウ質の仮種皮に包まれた種子（右）とロウ質をとりのぞいた種子（左） / 白い仮種皮は目立ち、木全体が白っぽく見える

ナンキンハゼ
トウダイグサ科・ナンキンハゼ属
Triadica sebifera

庭木や街路樹として植えられる落葉高木。果実は蒴果。三角状偏球形で径1.5cm。10～11月に茶褐色に熟して裂開し、3個の白いロウ質の仮種皮に包まれた種子が顔を出す。種子はほぼ球形で濃褐色、光沢はない。花期は7月頃。冬になっても枝に種子が残っていることが多い。中国原産。

網目模様のある種子。左の種子はカモノハシのくちばしのようなへそが見え、ここに種枕がつく / 蒴果は3個の種子が入っていて表面は無毛

トウダイグサ
トウダイグサ科 トウダイグサ属
Euphorbia helioscopia

道端や空き地、土手などに生える越年草。蒴果は三角状卵球形で長さ約3mm。種子は3個。種子は赤褐色で倒卵形、表面にははっきりした網目模様がある。へそは細くなった側につく。花期は3～5月。草丈は10～30cmになり、茎や葉を切ると白い乳液を出す。本州～沖縄に分布する。

種子。へその少し上から筋が伸びる。へそは種枕があり、アリに運ばれる / 果実。無毛でなめらか。先端に花柱が残る

ナツトウダイ
トウダイグサ科 トウダイグサ属
Euphorbia sieboldiana

山地に生える多年草。蒴果は三角状卵球形で、長さは5mmほど。熟すと3裂して種子を出す。中に種子は3個。種子は倒卵形で黒褐色。表面はなめらか。へそは小さい突起状になる。花期は4～5月。杯状花序の腺体は赤褐色の三日月形で、果期にも残る。北海道～九州に分布。

ノウルシ
トウダイグサ科 トウダイグサ属
Euphorbia adenochlora

川沿いの湿地などに生える多年草。果実は蒴果。三角状の球形で長さ約6mm。背面にはいぼ状の突起がある。種子は3個。熟すと上部が3つに裂けて種子が顔を出す。種子は偏球形。やや粉白で赤茶色、光沢は弱くへそ付近は白みを帯びる。花期は4〜5月。北海道〜九州に分布する。

蒴果のいぼ状突起は熟した後も残る

種子は半光沢で穏やかな色合い。美しく、真珠を思わせる

キントラノオ目

オオニシキソウ
トウダイグサ科 トウダイグサ属
Euphorbia nutans

道端や空き地などに生える一年草。蒴果は三角状卵球形で長さ約1.8mm。表面はなめらかで毛はない。種子は3個あり、黒褐色でゆがんだ卵形。鈍い稜がある。花期は6〜10月。草丈は20〜40cmほどで、茎は赤みを帯び斜上する。全国的にふつうに見られる帰化植物。北アメリカ原産。

蒴果は雌花の子房がそのまま大きくなったよう

種子の表面は粗くゴツゴツしていて光沢はない

コニシキソウ
トウダイグサ科 トウダイグサ属
Euphorbia maculata

道端や荒れ地、線路ぎわなどいたる所に生える一年草。蒴果は三角状卵球形で長さ約1.3mm。表面には上向きの短毛が密生する。種子は3個。種子は暗紅色で楕円形。基部はやや細くなり低い3稜がある。花期は6〜9月。茎は長さ10〜25cmで地面を這う。北アメリカ原産の帰化植物。

小さな蒴果だが毛は目立つ

種子。コニシキソウは地面を這って伸び広がるので、種子も広く蒔かれる

キントラノオ目

種子の模様はうずらの卵を思わせ印象に残る

3個の大きな種子が詰まった蒴果は三角状偏球形

シラキ
トウダイグサ科 シラキ属
Neoshirakia japonica

山地の広葉樹林内に生える落葉小高木。果実は蒴果で三角状偏球形、径1.8cmほどで先端に花柱が残る。熟すと3裂して種子を出す。種子はふつう3個。種子はほぼ球形で、淡褐色の地に濃褐色の縦の線状模様がある。10〜11月に熟す。花期は5〜7月。本州〜沖縄に分布。

種子の細くなっている側にへそがあり、へその縁はやや稜になっている

総苞が編笠に似ることからアミガサソウともいう

エノキグサ
トウダイグサ科 エノキグサ属
Acalypha australis

畑や道端などに生える一年草。果実は蒴果、毛に覆われた偏球形で径約3mm。3本の溝がある。蒴果は葉状の総苞のつけねに乗るようにつき、総苞は三角状の卵形。果実に種子は3個、黒褐色で光沢はない。花期は8〜10月。葉がエノキの葉に似ることが名前の由来。北海道〜沖縄に分布。

種子（右）は黒くて光沢があり種皮は薄く剥がれやすい。左は種皮を剥いたもの

熟して種子が出ている果序

アカメガシワ
トウダイグサ科 アカメガシワ属
Mallotus japonicus

山野の林縁など明るい所に生える落葉高木。果実は蒴果。刺状の突起がある三角状偏球形で径8mmほど、果序に多数つく。9〜10月に褐色に熟すと3〜4つに裂けて種子を出す。種子は3〜4個。種子はほぼ球形で黒色、光沢がある。雌雄異株。花期は6〜7月。本州〜沖縄に分布。

クロヅル
ニシキギ科 クロヅル属
Tripterygium regelii

山地の林縁などに生える、つる性の落葉木本。果実は翼果で、翼は3個ありその中心に種子がある。種子は長楕円形で黒褐色。縦に3稜がある。花期は7～8月で雌雄同株。9～10月に熟す。今年枝のつるは赤褐色で、前年枝はより黒っぽくなる。この特徴からベニヅルの別名もある。

果実は軍配形で多数つき、翼は葉脈状の筋がある

種子は3稜形だが、稜が目立たないものもある。翼果の中心に1個ある

ニシキギ
ニシキギ科 ニシキギ属
Euonymus alatus f. alatus

山地や丘陵の林内に生える落葉低木。果実は蒴果で1～2個の分果に分かれる。熟すと裂開して仮種皮に包まれた種子を出す。仮種皮は朱赤色。仮種皮を取り除いた種子の側面には筋があり、真珠のような光沢がある。花期は3～4月。花は小さく淡緑色。北海道～九州に分布する。

濃紅紫色の果皮に朱赤色の仮種皮が映える

種子は広楕円形。まるみがあり、2つ並ぶ様子はかわいらしい

マユミ
ニシキギ科 ニシキギ属
Euonymus sieboldianus

山地や丘陵の林内に生える落葉小高木。果実は蒴果。偏球形で角ばる。表面の色はピンク色や淡褐色など個体差がある。熟すと4裂し赤色の仮種皮に包まれた種子を出す。仮種皮を取り除いた種子は暗赤褐色で黄褐色の稜がある。花期は5～6月。花は緑白色。北海道～九州に分布する。

果皮が淡いピンク色の個体。赤い仮種皮が見える

仮種皮を取り去った種子。筋があり、表面はなめらか

ニシキギ目

果実は濃紅色、仮種皮は朱赤色で取り合わせが美しい。種子は光沢がある

蒴果は長い柄でぶら下がり、秋によく目立つ

ツリバナ
ニシキギ科 ニシキギ属
Euonymus oxyphyllus

山地や丘陵地に生える落葉小高木。果実は蒴果。球形で径1cmほど。熟すと5つに割れ、朱赤色の仮種皮に包まれた種子を出す。仮種皮を剥くと卵形の種子が出てくる。種子は光沢がある。果実に種子は2～5個。花期は5～6月。花は小さく下垂する花序に数個つく。北海道～九州に分布。

種子の片面はやや扁平。仮種皮に包まれた種子は果実にふつう4個入っている

果皮は淡黄色から熟すと濃い紅色になる

マサキ
ニシキギ科 ニシキギ属
Euonymus japonicus

海岸近くに生え、庭にも植えられる常緑低木。果実は蒴果でほぼ球形、径8mmほど。熟すと4裂し、黄赤色の仮種皮に包まれた種子を出す。種子は広卵形や楕円形。仮種皮を取り除いた種子は浅い溝がある。花期は6～7月。花は小さく緑白色。北海道（南部）～沖縄に分布する。

種子は背面に丸みがあり腹面は平らでややくぼむ。表面はなめらか

仮種皮の色は明るい黄赤色。マサキによく似る

ツルマサキ
ニシキギ科 ニシキギ属
Euonymus fortunei

山野の林縁に生える常緑のつる性木本。果実は蒴果。球形で径約6mm。熟すと4裂し、5mmほどの仮種皮に包まれた種子を出す。仮種皮は朱赤色。仮種皮を取り除いた種子は背面中央に縦筋がある。花期は6～7月。花は黄緑色で多数咲く。北海道～沖縄に分布。

ニシキギ目

ツルウメモドキ
ニシキギ科 ツルウメモドキ属
Celastrus orbiculatus var. *orbiculatus*

山野の林縁に生える落葉のつる性木本。果実は蒴果で球形。種子は仮種皮をかぶるが、仮種皮は互いが結合していて中に種子は4～6個。種子は三角状楕円形、側面に筋がある。蒴果は熟すと3裂し、果皮の黄色と赤い仮種皮は鮮やかで目を引く。雌雄異株。花期は5～6月。北海道～沖縄に分布。

蒴果。色の対比が鮮やかで、花材に使われる

初冬の頃の仮種皮と種子。色はくすんでいる。円内は若い種子

ウメバチソウ
ニシキギ科 ウメバチソウ属
旧ウメバチソウ科
Parnassia palustris var. *palustris*

山地の湿った所に生える多年草で、日当たりのよい所に多い。果実は蒴果で卵球形。周りに萼や糸状の仮雄しべが残る。熟すと3～4裂して種子を出す。種子は線形や線状楕円形でごく小さく、一部が翼になる。花期は8～9月。果実は10月頃に熟す。北海道～九州に分布する。

茎は直立したまま果期を迎え果実は上向きに開く

種子は褐色。とても小さく、翼があり風に乗る

伝統色を染める果実

　種子果実の中には、古くから衣類などを染める染料として使われてきたものがある。中でも、ヤシャブシ類の果穂はタンニンを多く含み、平安時代には喪服などに使う「鈍色（にびいろ＝濃い灰色）」を出すために、鉄で媒染して使われていた。そのほか、ハンノキ類の果実は樺色や黒色、アカメガシワの果実は赤色、ツバキ類の果皮は黄茶色や薄鼠色、ザクロの果皮は黄色茶や黄色、焦げ茶色を染めるのに使われた。

オオバヤシャブシの果穂。現在でも草木染めの材料としてよく使われている。

ヤマモガシ目

モミジバスズカケノキ　スズカケノキ科 スズカケノキ属　*Platanus × acerifolia*

公園樹や街路樹として植えられる落葉高木。果実は痩果が球形に集まった集合果で径4cmほどになる。痩果は先端に刺状の花柱が残り、基部には長い毛が多数あり風に乗って飛ぶ。雌雄同株で花は春、枝先に雄花序と雌花序がぶら下がって咲く。スズカケノキとアメリカスズカケノキの交配種。

果実が熟すと少しずつほぐれ、痩果は多数の毛がやや開いて風に乗って飛ぶ

時期になると木の下に積もるほど落ちる痩果

プラタナスの実としてもおなじみ

アワブキ　アワブキ科 アワブキ属　*Meliosma myriantha*

山地の林内に生える落葉高木。果実は核果。球形で径5mmほど。果序にややまばらにつき、秋に赤く熟す。核は黒色で光沢はなく、ややいびつな球形で低い凸凹がある。果実に核は1個入っている。花期は4〜6月。枝先に淡黄白色の小さな花が円錐花序となって多数咲く。本州〜九州に分布する。

核のへそは大きく淡褐色。へそを中心に太い隆条が縦に伸びる

花は多数咲くが、核果はまばらにつく

花はびっしりとした感じでたくさん咲く

ミヤマハハソ

アワブキ科 アワブキ属
Meliosma tenuis

山地の林内や林縁に生える落葉低木。果実は核果。球形で黒く熟す。核はほぼ球形で先がとがり、へそから出て一周する稜がある。花期は5〜7月。花は円錐花序につき、花序は垂れ下がる。果期は9〜10月で、その頃の果序の枝はややジグザグになる。本州〜九州に分布。

果実はややまばらにつき、熟すと黒くてやや光沢がある

核。淡褐色から濃褐色で、へそ部分はややへこむ。果実に核は1個

ハス

ハス科 ハス属
Nelumbo nucifera

池や沼、水田などで栽培される多年草。果実は痩果で、蜂の巣状の果床の穴で熟す。1951年、千葉市の遺跡から発見された果実は約2000年前のものとされ、その1つを大賀一郎博士が開花させた。長い時を経て蘇った古代ハスは「大賀ハス」と命名され、根分けもされている。

肥大した花床は蜂の巣のようになり穴に果実を入れる

痩果は楕円状で先端に花柱が残る。果皮はかたいが種子は食べられる

フサザクラ

フサザクラ科 フサザクラ属
Euptelea polyandra

沢沿いの林などに生える落葉高木。果実は柄がある翼果で、多数枝にぶら下がり10月頃に熟す。種子は長楕円形で表面にはへこみが並ぶ。熟すと翼のある果実からすぐはずれる。花は3〜4月。葉の展開前に開花。花弁も萼もなく赤い雄しべがよく目立つ。日本固有。本州〜九州に分布する。

初夏、淡緑色の若い翼果

熟した翼果と種子（円内）

ヤマモガシ目／キンポウゲ目

アケビの仲間　アケビ科 ムベ属・アケビ属

ムベ
Stauntonia hexaphylla

ミツバアケビ
Akebia trifoliata

アケビ
Akebia quinata

海岸近くの林内に生える雌雄同株の常緑つる性木本。庭にも植えられる。果実は液果で熟しても裂開しない。果肉は甘く食べられる。種子は黒色で光沢がある。花期は4～5月。本州〈関東地方南部以西〉～沖縄に分布。

山野に生える雌雄同株の落葉つる性木本。果実は液果で熟すと裂開する。種子は白く甘い果肉に包まれ、黒色で、アリの好むエライオソームがつく。花期は4～5月。花は濃紫色。葉は3出複葉。本州～九州に分布。

山野に生える雌雄同株の落葉つる性木本。果実は液果で熟すと裂開する。種子は黒色でエライオソームがつく。果肉は甘く動物などが食べる。花期は4～5月で花は淡紫色。葉は掌状複葉で小葉は5個。本州～九州に分布。

キンポウゲ目

アオツヅラフジ
ツヅラフジ科 アオツヅラフジ属
Cocculus trilobus

山野に生える雌雄異株の落葉つる性木本。果実は核果で、径6mmほどの球形。青黒色で粉白を帯びる。核果の中の核は1個。核はまるまったイモムシのような独特の形でおもしろい。花期は7〜8月。小さな花序を出し黄白色の花が咲く。カミエビともいう。本州〜沖縄に分布する。

青色の核果は粉白を帯び、秋も遅くまで残る

核の形はイモムシやアンモナイトを連想させる独特な形

オオツヅラフジ
ツヅラフジ科 ツヅラフジ属
Sinomenium acutum

山地に生える落葉つる性木本で雌雄異株ときに同株。ツヅラフジともいう。果実は核果で長さ6〜7mm、球形で黒青色に熟す。核は長さ5〜6mm、丸みのある馬蹄形。花期は7月頃。淡緑色の小さな花が咲く。本州（関東地方南部以西）〜九州に分布する。

核果は数が多く、まるでブドウの房のよう

自然の造形に驚かされる個性的な形の核

トキワイカリソウ
メギ科 イカリソウ属
Epimedium sempervirens

山野の林内に生える多年草。果実は袋果で狭楕円形。両端は細くなり先はとがる。種子は楕円状で、やや湾曲し大きな種枕がつく。花期は4〜5月。果期は6月頃。花は下向きに咲くが果実は上を向く。分布は本州（東北地方〜山陰地方日本海側）で、特に日本海側の多雪地に多い。

果実。根元には雪の下で越冬した葉が赤みを帯びて残る

種子。大きな種枕はエライオソームでアリが運ぶと思われるが、そのわりに種子は大きい

キンポウゲ目

種子は楕円形で長さ5mmほど、茶色でやや光沢がある

果実は赤く目立つが別名はコトリトマラズ

メギ
メギ科 メギ属
Berberis thunbergii

山地の林縁や原野に生える落葉低木。枝には細い刺がある。果実は液果。長さ7～10mmの楕円形で、11月頃に赤く熟す。種子はやや扁平で背面は丸みがある。花期は5～6月。花は淡黄色で短枝の先に数個ずつ咲く。本州〈東北地方南部以南〉～九州に分布する。日本固有。

果皮と種子。赤い果実は野鳥の目を引き、食べられて種子は散布される

果実は径約7mm。晩秋から熟し冬によく目立つ

ナンテン
メギ科 ナンテン属
Nandina domestica

庭園や庭に植えられる常緑低木。果実は液果。球形で赤色。白いものもある。種子は浅い椀状で腹面は大きくくぼむ。果実に種子はふつう2個。花期は5～6月。花は白色で小さく円錐状に多数つく。果実は咳止めの薬などに利用される。山野にあるものは本来の自生かどうか不明。中国の暖帯に分布。

青い種皮をとった種子。黒褐色で細かい凹凸があり、ざらつく

果実に見える種子。青色で白粉をかぶる

ルイヨウボタン
メギ科 ルイヨウボタン属
Caulophyllum robustum

山地の林内に生える多年草。果実のように見えるのは種子。花後雌しべは生長を止め落ちるので、種子は裸出し1花から2個の種子ができる。種子は青色で肥厚した柄があり、さらに果序の枝につく。花期は5～7月。茎先の集散花序に黄緑色の花をつける。北海道～九州に分布。

キンポウゲ目

クサノオウ
ケシ科 クサノオウ属
Chelidonium majus ssp. *asiaticum*

林縁や道端の草地で見られる二年草。果実は蒴果で長さは3〜4cmほどになり、上向きにつく。種子は長さ1.4mm、幅0.8mmほどの卵球形。本種の黄色い乳液は有毒でかぶれることがあるため、観察時は要注意。花期は4〜7月と長く、果実も長い期間見られる。北海道〜九州に分布。

蒴果は細長い棒状。成熟すると2つに裂開する

果実に種子は十数個入っている。種子に比べても大きなエライオソームがある

タケニグサ
ケシ科 タケニグサ属
Macleaya cordata

荒れ地や道端などに多い多年草。果実は蒴果。長さ2.5cmほどの、平たい狭長楕円形。成熟すると裂開して種子を落とす。種子は長さ2mmほどで、ラグビーボールのような楕円形。色は黒色で、表面に鈍い凹凸が網目模様を作る。花期は7〜8月で、果実は晩秋に熟す。本州〜九州に分布する。

蒴果は下向きに多数つき、風に揺れる

種子は蒴果に5個ほどあり、エライオソームがつく

ジロボウエンゴサク
ケシ科 キケマン属
Corydalis decumbens

林縁や川岸の草地に生える多年草。果実は蒴果で、長さ1.5〜2cm。成熟すると果実が2裂して巻き上がり、その勢いで種子を飛ばす。種子は径1.5mmほどの腎円形で、扁平で中央が膨らむ。名前の「次郎坊」は伊勢地方の方言で、スミレ(太郎坊)に対するもの。本州(関東地方以西)〜九州に分布。

蒴果。中には種子が1列に入っている

種子。白いものはエライオソーム。種子の表面には微細な模様がある

キンポウゲ目

キケマン　ケシ科 キケマン属　*Corydalis heterocarpa* var. *japonica*

海岸近くや低地に生える多年草。果実は蒴果で、種子は径1.5mmほどの扁平な腎円形。種子には大きな膜状のエライオソームがあり、落下後、アリに運ばれて散布される。本州（関東地方以西）〜沖縄に分布。母種ツクシキケマン（*C.heterocarpa* var. *heterocarpa*）が中国地方と九州に分布。ミヤマキケマンは山野の草地に生える多年草。種子は径1.5mmほど。本州（近畿地方以東）に分布。

キケマンの種子。エライオソームが近似種に比べて大きい

キケマンの種子は果実の中に左右交互の2列に並んで入っている

ミヤマキケマン（*C. pallida* var. *tenuis*）の蒴果と種子（円内）。種子は蒴果に1列に並ぶ

ムラサキケマン　ケシ科 キケマン属　*Corydalis incisa*

山野の林縁などに生える多年草で、やや湿った場所に多い。果実は蒴果で長さ1.5cmほどあり、中には種子が12個前後入っている。種子は径1.7mmほどの円形で、白いエライオソームがある。成熟すると蒴果が2つに裂開し、種子を飛ばす。花期は4〜6月。日本全土に分布する。

種子はやや扁平で、少し角張った印象。写真の種子はエライオソームが取れている

種子にはエライオソームがあり、アリに運ばれる

蒴果は狭長楕円形。枝先に下向きにつく

ナガミヒナゲシ

ケシ科 ケシ属

Papaver dubium

ヨーロッパ原産の一年草で、道端や空き地、河原などで見られる。果実（芥子坊主）は蒴果で、長さ2～3cmの長楕円形。成熟すると先端に残る柱頭との間に隙間ができて、種子がこぼれ落ちる。種子は長さ1mm以下。ケシ属植物の種子は皆小さく、小さいものの例え「芥子粒」の語源となった。

蒴果は細長い。先端に花柱の跡が残る

種子は長さ0.6mmほどの扁平な楕円形。表面には凹凸が粗い網目模様を作る

キンポウゲ目

カラマツソウ

キンポウゲ科 カラマツソウ属

Thalictrum aquilegiifolium var. *intermedium*

山地から亜高山の草地に生える多年草。果実は痩果で、長さ6～8mm。狭倒卵形で、3稜状の翼がある。種子は線状長楕円形か、鈍い稜を持つ狭倒卵形。長さ3～3.5mm。花期は7～9月。北海道～九州に分布。

花はとても繊細な印象

痩果は長い柄があり、下向きにつく

種子の表面には、しわ状の隆条がある

花は淡黄色の葯が目立つ

痩果は上向きにつく

種子には、はっきりとした隆条がある

アキカラマツ

キンポウゲ科 カラマツソウ属

Thalictrum minus var. *hypoleucum*

山野の草地に生える多年草。果実は痩果で、1～4個つく。長さ2.5mmほどの楕円形で、8つの発達した稜がある。種子は2mmほどの狭卵形で、先がとがる。名前に「秋」とつくが花期は7～9月。北海道～九州に分布。

キンポウゲ目

ニリンソウ
キンポウゲ科 イチリンソウ属
Anemone flaccida

痩果。表面には細かい伏毛が密生する。先端には痕跡的な花柱が残る

白くて美しい花は有名だが、果実は地味な存在

山野の林縁や林床、草地に生える多年草。果実は痩果。1つの花に複数の雌しべがあり、数個の痩果ができる。イチリンソウ属には痩果に翼のあるものとないものがあるが、本種は後者。痩果は長さ4mmほどの楕円形。花期は4〜5月で、白い花弁に見えるものは萼片。北海道〜九州に分布する。

ハンショウヅル
キンポウゲ科 センニンソウ属
Clematis japonica

花柱とその毛は花の後に伸びる。また果皮にも伏毛が密生している

花は下向きだが、痩果は上向きになる

山野の林縁などに生えるつる性の落葉低木。果実は痩果で、長さ6mmほどの扁平な涙滴形。痩果に残る花柱は長さ3cmほどあり、長い毛をつけた羽毛状になる。センニンソウ属の痩果についた羽毛状の花柱は、風を受けて種子をより遠くへ散布させるのに役立つのだろう。本州、九州に分布。

クサボタン
キンポウゲ科 センニンソウ属
Clematis stans

痩果に対して花柱が長く、花柱から生える毛も多く、ふんわりした印象がある

花は下向きにつくが、果実は上を向く

山地の林縁や草地に生える多年草。下部の茎は木質化し、草体は立ち上がる。花の様子なども、センニンソウ属の他種とは趣を異にする。果実は痩果で、長さ3mmほどの倒卵形や楕円形。痩果に残る花柱は長さ1.5cmほどで羽毛状になる。また痩果の果皮にも伏毛が生える。北海道〜本州に分布。

226

センニンソウ
キンポウゲ科 センニンソウ属
Clematis terniflora

山野の林縁など、日当たりのよい場所に生えるつる性の多年草。果実は痩果で、長さ7〜9mmの扁平な広楕円形。フサフサした羽毛状の花柱が残り、名前はこれを仙人の髭や白髪に見立てたとされる。花期は8〜9月。花は上を向き、萼片は全開する。葉は1〜2回羽状複葉。日本全土に分布する。

花も目立つが羽毛状の花柱が残る果実も目を引く

痩果に残る花柱は長さ3cmほどある。痩果には伏毛がまばらにある

ボタンヅル
キンポウゲ科 センニンソウ属
Clematis apiifolia

山野の林縁などに生えるつる性の半低木。果実は痩果で、長さ4〜5mmの広卵形や長楕円形。痩果に残る羽毛状の花柱は、長さ1cmほどと短い。葉は3出複葉。本州〜九州に分布する。関東〜中部地方に分布する変種のコボタンヅルは痩果が小さく、花柱や毛も短めな印象。葉は2回3出複葉。

まだ緑色で毛も開出していない若い果実

痩果には伏毛がある。コボタンヅル(*C. apiifolia* var. *biternata*)の痩果は無毛か毛はまばら

オキナグサ
キンポウゲ科 オキナグサ属
Pulsatilla cernua

山野の日当たりのよい草地に生える多年草。果実は痩果。長さ3mmほどの線状長楕円形で扁平。表面には白い伏毛があり、長い羽毛状の花柱が残る。名前は果実をつけた姿を白髪の老人に見立てたもの。花期は4〜5月。本州〜九州に分布するが、近年は自生地の消滅や採取により減少している。

1つの花に多数の雌しべがあり果実も多数できる

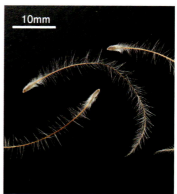
痩果に残る花柱は羽毛状で、長さは3〜4cmにもなる

キンポウゲ目

キンポウゲ目

フクジュソウ
キンポウゲ科 フクジュソウ属
Adonis ramosa

山地の落葉樹林の下などに生える多年草。果実は痩果で広倒卵形。多数が集まり、ほぼ球形の集合果となる。痩果は先端片側に柱頭が残り、全体に短毛がある。花期は3〜4月。花後、茎は伸びて下向きに倒れ、葉も大きくなり、5月頃には果実も熟す。北海道〜九州に分布。

痩果。表面に葉脈のような隆条がある。下部にエライオソームがつき、アリに運ばれる

果実は大きく伸びた葉の陰になることもある

アズマシロカネソウ
キンポウゲ科 シロカネソウ属
Dichocarpum nipponicum

山地の湿った林縁に生える多年草。果実は袋果で、2個がほぼ水平につく。袋果は円柱状、先に花柱が残る。種子は広倒卵形でなめらか。本州（秋田県〜福井県）の日本海側に分布する。神奈川県〜奈良県の太平洋側に分布するツルシロカネソウ（*D. stoloniferum*）は種子が大きめ。

種子は小さく淡緑褐色。へそから片側に稜がある。果実が縦に裂開すると出てくる

2個の果実の形は独特。徐々に開いてほぼ水平になる

ヤマオダマキ
キンポウゲ科 オダマキ属
Aquilegia buergeriana var. *buergeriana*

山地の林縁などに生える多年草。果実は袋果。短毛があり細長く、先端には細い花柱が残る。袋果は5個が直立し、熟すと内側から裂開して種子を出す。種子は半倒卵形で、光沢のある黒色。花期は6〜8月。花は下向きに咲くが果実は上向きにつく。北海道〜九州に分布する。

種子。なめらかで縦の稜が1個ある。袋果に種子は多数入っている

果実。5個の袋果は種子を出す頃になると外側に開く

キンポウゲ目

ヒメウズ
キンポウゲ科 ヒメウズ属
Semiaquilegia adoxoides

山野の草地や道端などに生える多年草。花には2～5個の雌しべがあり、3～4個の袋果がつく。種子はややゆがんだ卵球形または楕円形で、袋果に10個ほど入っている。熟した袋果は上辺が裂開し、風に揺れたり雨粒が当たると種子が散布されるようだ。本州（関東地方以西）～九州に分布。

花と若い袋果。袋果は花と違い、上向きにつく

裂開した袋果と種子。種子は長さ1.3mmほどで、表面には微細な凹凸がある

イヌショウマ
キンポウゲ科 サラシナショウマ属
Cimicifuga biternata

山野の林下などに生える多年草で、やや湿った場所に多い。果実は袋果で長さ1cmほどの俵形。先端には花柱がくちばし状に横に曲がって残る。成熟すると上部が裂開し、長さ2mmほどの扁平な半円形または長楕円形の種子を落とす。花期は8～9月で、果実は晩秋に熟す。本州～九州に分布。

穂状花序なので、たくさんの袋果が集まってつく

袋果には種子が5個ほどある。種子の表面には鱗片状の突起が多数ある

サラシナショウマ
キンポウゲ科 サラシナショウマ属
Cimicifuga simplex

山地の林下に生える多年草。果実は長さ1cmほどの袋果で、やや扁平でゆがんだ楕円形。先端の横に花柱が突起状に残る。種子は長さ3mmほどの長楕円形で、周囲に水平の翼が多数並ぶ。また全体にも鱗片状の突起がある。花期は8～10月で、果実は秋から初冬に熟す。北海道～九州に分布。

袋果は密集してつき、上部が裂開し種子を落とす

袋果に種子は3個ほどある。翼は1枚ではなく複数が重なり合うように並ぶ

キンポウゲ目

ケキツネノボタン　キンポウゲ科 キンポウゲ属　*Ranunculus cantoniensis*

ケキツネノボタンの痩果。縁の稜がよく目立つ

田の畦や山野の湿った場所に生える多年草。果実は痩果で、球状の集合果になる。痩果は長さ約4mmの、扁平な広倒卵形。周縁に稜があり、先端に花柱が突起状に残る。キツネノボタン（*R. silerifolius* var. *glaber*）は、従来、痩果に残る花柱がかぎ状に曲がることや茎に毛がないこと、葉の形で識別されたが、両種の中間的タイプもあり、外見での識別は困難。キツネノボタンの痩果は縁を囲む稜はない。分布は本州〜沖縄、キツネノボタンは日本全土。

（左）ケキツネノボタン型の集合果。花柱はとがり、茎に毛がある（右）キツネノボタン型。花柱は曲がり、茎には毛がない

花には多数の雌しべがある

ウマノアシガタ
キンポウゲ科 キンポウゲ属
Ranunculus japonicus

痩果は扁平で、断面は凸レンズ状

痩果は集合果になる

山野の日当たりのよい場所に生える多年草。痩果は径2mmほどの円形や広倒卵形。扁平で中央部が膨らみ、縁は翼状。短い花柱が残る。北海道〜九州に分布する。

セリバオウレン
キンポウゲ科 オウレン属
Coptis japonica var. *major*

種子は黄褐色で、表面に細い隆条がある

矢車状の袋果は特徴的

山地に生える多年草。雌雄異株で雌花には多数の雌しべがあり、舟形の袋果が矢車状につく。袋果は上端が裂開し、2mmほどの種子を数個落とす。本州、四国に分布。

Aconitum japonicum ssp. *japonicum* キンポウゲ科 トリカブト属 **ヤマトリカブト**

山野の林縁などの草地に生える多年草。果実は袋果でふつう3個つき、長さ2cmほどのやや扁平な円筒形。先端外側には突起状の花柱が残る。種子は長さ3mmほどの扁平な長楕円形か広被針形。片縁に1枚の翼があり、側面にも横に数列並ぶ翼がある。本州（関東地方〜中部地方）に分布する。

複雑な翼のある種子。裂開した袋果から風に乗って散らばるのだろう

全草が有毒だが花はその独特な形と青紫色が魅力

袋果は晩秋から冬にかけて見られる

キンポウゲ目

Delphinium anthriscifolium キンポウゲ科 ヒエンソウ属 **セリバヒエンソウ**

中国原産の一年草で、山野の林縁や草地に野生化している帰化植物。果実は袋果で、上向きに3個つく。長さ2cmほどで、先端が細長く伸びた長楕円形。成熟すると上部の正中線から裂開して、数個の種子がこぼれ落ちる。種子は径1.8mmほどの偏球形で、周囲にらせん状に巻いた翼があるのが特徴。

種子。らせん状の翼の役割は不明だが、おもしろい

花は4〜5月に咲く。近年は各地で増えている

袋果。先端に花柱が残ってとがる

ツユクサ目

種子は片面がやや膨らみ、反対面は平らになる。多数のくぼみがあり凸凹

苞が花序を包むので苞内に1～数個の果実がある

ツユクサ
ツユクサ科 ツユクサ属
Commelina communis

道端などの草地にふつうに見られる一年草。果実は花の後、大きな苞に包まれたまま生長する。果実は蒴果で長さ5～6mmの偏楕円形。成熟すると2つに裂開して種子を出す。種子はふつう4個あり、長さ3mmほどの楕円形を2つに割ったような形。表面は凸凹している。日本全土に分布する。

種子の形はさまざま。表面には網目模様があり、広い面の中心に円いへそがある

果実は液果に見えるが、果皮は薄く乾いている

ヤブミョウガ
ツユクサ科 ヤブミョウガ属
Pollia japonica

暖地の林内に生える多年草。果実は蒴果で、径6mmほどの球形。秋に藍色から黒紫色に熟すが、裂開しない。種子は三角形、四角形、五角形などの形で、長さ2mmほど。果皮を剥くと、中に20個ほどがパズルのように組み合わさって詰まっている。本州（関東地方以西）～沖縄に分布。

蒴果と種子（円内）。種子の表面には細い隆条や横線があり、先端に突起がある

花は上を向くが、蒴果は垂れ下がるようになる

コナギ
ミズアオイ科 ミズアオイ属
Monochoria vaginalis

主に水田に生える一年草。果実は蒴果で、長さ1cmほどの楕円形。表面には花被片が貼りついて残る。蒴果は1株に20～30個つき、1つに150個ほどの種子がある。種子は0.8～1mmほどの楕円形で、一度低温にあたり、また浅く土に埋まり水中にある状態でよく発芽する。本州～沖縄に分布。

イネ目

イグサ
イグサ科 イグサ属
Juncus decipiens

山野の湿地に生える多年草。果実は蒴果。楕円形で花被片とほぼ同長。褐色に熟す。種子はごく小さい倒卵形。果実に種子は多数入っている。北海道〜沖縄に分布。

花被片が果実を包む

蒴果と種子。種子は赤褐色

スズメノヤリ
イグサ科 スズメノヤリ属
Luzula capitata

草地などにふつうに生える多年草。果実は蒴果。楕円形で花被片と同長。種子は広倒卵形でへそに白い種枕がつく。花は丸く集まってつく。北海道〜沖縄に分布。

果序は丸くて目立つ

蒴果と種子。蒴果に種子は3個ほど

コウボウムギ
カヤツリグサ科 スゲ属
Carex kobomugi

海岸砂地に生える多年草。雌雄異株。果苞（痩果を包んだもの）は卵形で先が長くとがり、縁に不規則な歯牙がある。痩果は倒披針形で、果皮はなめらか。北海道〜沖縄に分布。

雌株は果序が卵形

果苞は背側が円く、縦の筋が多数ある。右は痩果

コウボウシバ
カヤツリグサ科 スゲ属
Carex pumila

海岸の砂地に生える多年草。雌雄同株。果苞は卵形で、鱗片よりやや長いか同長。先に3個の柱頭が残る。痩果は3稜形で果皮はなめらか。北海道〜沖縄に分布する。

果苞がびっしりついた果序

痩果。果苞は淡褐色でコルク質。痩果は褐色

イネ目

果胞のくちばしの先は2裂する。右は痩果

果胞が集まった雌花序

カンスゲ
カヤツリグサ科 スゲ属
Carex morrowii

山地に生える多年草。果胞（痩果を包んだもの）は短い穂状になって雄花序より下につく。果胞は先が細く曲がる。痩果は3稜形。本州（福島県以西）〜九州に分布。

痩果は両端がややとがる。果皮は粗い

花穂は丸く枝は長短ある

タマガヤツリ
カヤツリグサ科 カヤツリグサ属
Cyperus difformis

水田などに生える柔らかい一年草。果実は痩果。3稜形で、小穂の鱗片とほぼ同長。花穂は小穂が多数球形に集まり、枝があって茎先に数個つく。日本全土に分布。

痩果は褐色。果皮の光沢はない

小穂は赤褐色

ハマスゲ
カヤツリグサ科 カヤツリグサ属
Cyperus rotundus

道端や草地に生える多年草。痩果は長楕円形で3稜があり、長さは鱗片の半分以下。小穂は20〜40個の小花をつけ線形で、枝の先に数個つく。本州〜沖縄に分布。

痩果。花柱がとれたもの。果皮はなめらか

花穂は丸く淡緑色

ヒメクグ
カヤツリグサ科 カヤツリグサ属
Cyperus brevifolius var. *leiolepis*

湿った草地などに生える多年草。痩果は扁平な倒卵形で、先に長い花柱が残る。鱗片は痩果より長い。花穂は球形で小穂が多数つく。小穂は1花のみ。北海道〜沖縄に分布。

イネ目

カヤツリグサ

カヤツリグサ科 カヤツリグサ属
Cyperus microiria

道端や草地に生える一年草。果実は痩果で狭倒卵形、3稜がある。痩果を包む鱗片は広倒卵形で先が短くとがり、痩果より長い。花期は夏。茎の先に葉状の苞を3～4個出し、その元に複数の花序がつく。花序には15個前後の小花が2列に並ぶ小穂がつく。本州～九州に分布。

果軸に長さ1cmほどの小穂が多数つき、小穂には小花がびっしりとつく

痩果は黒褐色。痩果を包む鱗片は膜質で薄く、緑色の中肋が突き出る

ワタスゲ

カヤツリグサ科 ワタスゲ属
Eriophorum vaginatum ssp. *fauriei*

高層湿原に生える多年草。果実は痩果で倒卵形。多数の白い糸状の花被片が花後に伸びて、小穂全体は丸い綿毛状になる。鱗片は多数あり、広披針形で先がとがり膜質。中央部が灰黒緑色。花期は5～6月。果期は6～8月。北海道～本州（中部地方以北）に分布する。

白い綿毛は遠目にも目につく。綿毛は長さ2cm前後

痩果は3稜があるが、内、縁の2稜は翼になる。着点には綿毛状の花被片が多数つく

サンカクイ

カヤツリグサ科 ホタルイ属
Schoenoplectus triqueter

池や川岸など湿った所に生える多年草。痩果は広倒卵形で、片面は丸みがある。痩果には刺針状の花被片が3～5個ついている。鱗片は長楕円形で膜質。花期は7～10月。花序の枝には小穂が2～5個つき、花序より上に茎と同形の苞が伸びる。北海道～沖縄に分布。

小穂は長楕円形で茶褐色。鱗片が重なる

痩果は先が小さくとがり、光沢がある。糸状の花被片はややざらつく

イネ目

果皮のはがれかけた穎果。イネ科の花（小花）は護穎と内穎に包まれ、果実もその中で熟す

果序の枝の下側に小穂がつく様子は独特

オヒシバ
イネ科 オヒシバ属
Eleusine indica

道端や草地などにふつうに生える一年草。果実は穎果で護穎と内穎に包まれる。種子は楕円形で両端がややとがり、複数の横じわがある。果皮は薄くはがれやすい。花期は8〜10月。小穂は花序の枝の下側に2列にびっしりとつく。小穂に小花は4〜5個。本州〜沖縄に分布。

穎果は線状楕円形で背面は丸みがある。果被はなめらかで、熟すと護穎や内穎ごと落ちる

無毛タイプの小穂、花粉を出した葯が残る

メヒシバ
イネ科 メヒシバ属
Digitaria ciliaris

道端や草地などに生える一年草。茎の下部は地を這って広がる。果実は穎果で護穎と内穎に包まれる。花期は7〜11月。放射状に複数出た花序の枝に小穂を多数つける。花序枝はざらつき、小穂は2個が対になり有毛、毛が長いものや無毛のものもある。北海道〜九州に分布。

穎果は光沢がある。小穂の外側の苞穎は短く、基部を包む

小穂に小花は2個。1個は稔らない

イヌビエ
イネ科 ヒエ属
Echinochloa crus-galli var. crus-galli

湿った草地、水田などに生える一年草。穎果は広楕円形。両端がややとがり、背面は丸みがある。小穂は卵形で剛毛があり、とがった先端部はときに長い芒になるものもある。花期は6〜10月。円錐花序の枝に短い柄のある小穂を多数つける。北海道〜沖縄、小笠原に分布。

スズメノカタビラ
イネ科 イチゴツナギ属
Poa annua

道端や畑などいたる所に生える一年草または越年草。果実は穎果で狭長楕円形。先端は細くとがる。花期は3〜11月。小穂は円錐花序に多数つき、ときに淡紫色を帯びる。小穂は卵形で小花が3〜5個つき、穎果の数も3〜5個。全体が柔らかく、踏みつけにも強い。日本全土に分布する。

細い枝先に小穂がつく

護穎と内穎に包まれた穎果。果実期、スズメがまめについばむ

カラスムギ
イネ科 カラスムギ属
Avena fatua

ヨーロッパ、西アジア原産の一年草または越年草。穎果は狭長楕円形。光沢のある長い伏毛がある。花期は5〜6月。小穂は大形で垂れ下がり、2個の苞穎に包まれ2〜3個の小花がある。小花の護穎につく曲がった長い芒が特徴。芒はぬらすとよじれてよく動く。

果実期、苞穎は白っぽくなりよく目立つ

左が小穂、中は護穎に包まれた小花、右は穎果。大形で花の構造がわかりやすい

コバンソウ
イネ科 コバンソウ属
Briza maxima

ヨーロッパ原産の多年草。穎果はほぼ円形で平たく基部は小さくとがる。花期は5〜7月。小穂は卵状楕円形で細い花柄で垂れ下がる。小穂は7〜10数個の小花があり、護穎は左右にほぼ水平に重なってつく。観賞用に輸入されたものが野生化し、今では本州〜九州に見られる。

小穂は熟すと黄褐色になり名のイメージどおり

穎果。薄い膜のようなものは護穎。写真右上は内穎がついている

イネ目

イネ
イネ科 イネ属
Oryza sativa

日本人の主食であり、穀物としてアジアを中心に世界中で栽培される。果実は穎果。小穂は楕円形。護穎も内穎も隆条がありともに毛がある。この2つが脱穀した後のもみ殻で、穎果がコメ。熱帯が適地のインディカ種と寒冷地でも栽培可能なジャポニカ種に大別される。

イネの果実がコメ、もみ殻（護穎、内穎）をとれば玄米、さらに果皮などをとると白米

イネの穂。もみ殻も葉が枯れたワラも全て役立つ

チガヤ
イネ科 チガヤ属
Imperata cylindrica var. *koenigii*

草地や河原に生える多年草。穎果は線状楕円形で先端に長い花柱が残る。小穂は長い柄と短い柄のものが対になってつき、それぞれ基部に長い毛があり、果実期も残る。果序は円柱状で銀白色の毛に覆われよく目立つ。花期は5〜6月。北海道〜沖縄に分布する。

果実期は銀白色の毛は開き、風に飛びやすくなる

白い果序が群生する様子はよく目立つ

ジュズダマ
イネ科 ジュズダマ属
Coix lacryma-jobi

熱帯アジア原産で水辺に生える多年草。果実は壺形のかたい苞鞘（苞）内で熟し、横楕円形でやや角ばる。花期は9〜11月。雌性の小穂は苞鞘の中に3個あり2個は不稔。雄性の小穂は長い柄の先につき苞鞘の外に垂れ下がる。ハトムギはジュズダマの栽培種とされ、苞鞘はかたくなく割れやすい。

壺形の苞鞘と果実。苞鞘は非常にかたく、これをつないでアクセサリーなどが作れる

苞鞘は黒褐色や灰白色、白色などさまざま

エノコログサ
イネ科 エノコログサ属
Setaria viridis

道端や荒れ地にふつうに生える一年草。頴果は楕円形。小穂の基部には剛毛があるが、頴果は熟すとこれを残して落ちる。花期は7〜11月。花序は円柱形で緑色の小穂を密につけ、剛毛に覆われる。名前のエノコロは犬の子の意味で、ネコジャラシの名でも親しまれている。ほぼ日本全土に分布する。

果序。頴果が熟して落ちると剛毛だけが残る

頴果。小穂は4個の苞頴があり頴果は4個目の苞頴と内頴に包まれて熟す

イヌアワ
イネ科 エノコログサ属
Setaria chondrachne

林内や林縁に生える多年草。頴果は楕円形や長楕円形で先が急にとがる。花期は8〜10月。花序は短い枝を出し、数個の小穂をまばらにつける。小穂の基部には芒状の剛毛が0〜2本つき、果実が落ちた後も残る。本州（山形県、関東地方以西）〜九州に分布する。

果序は全体に細く、枝も短くまばらにつく

果実は長さ2mmほど。果皮はなめらかで光沢はあまりない

シマスズメノヒエ
イネ科 スズメノヒエ属
Paspalum dilatatum

南アメリカ原産の多年草。頴果は卵円形で背面は筋がある。花期は8〜11月。小穂は広楕円形で縁に毛があり、柱頭も葯も黒くて目立つ。牧草として栽培され、野生化もしている。在来のスズメノヒエ（*P.thunbergii*）は頴果はやや小さく、小穂の縁に毛はない。また葯は黄色で葉には毛が多い。

果序の枝は垂れて小穂が多数並ぶ

頴果。背面は丸みがあり腹面はへこむ

イネ目

メリケンカルカヤ
イネ科 ウシクサ属
Andropogon virginicus

果実期の小穂。長い毛のある柄や中軸とともに風に飛ぶ

茎は直立し、葉腋に小穂がつき白毛が目立つ

北アメリカ原産の帰化種で多年草。苞頴に包まれた果実は狭披針形で長い芒がある。花期は9〜10月。小穂のつく軸には毛が多く、小穂は2個が対になるが1個は退化して柄のみになり長い毛がある。残った小穂に小花は2個だが1個のみ結実。荒れ地などに生え本州〜九州に帰化。

チカラシバ
イネ科 チカラシバ属
Pennisetum alopecuroides

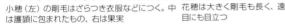
小穂（左）の剛毛はざらつき衣服などにつく。中は護頴に包まれたもの、右は果実　　花穂は大きく剛毛も長く、遠目にも目立つ

草地に生え大きな株を作る多年草。果実は頴果。長楕円形で先端はとがる。小穂に小花は2個で1個のみ結実する。小穂の基部には総苞片が変化した暗紫色の剛毛があり、頴果は剛毛をつけたまま落ちる。花期は8〜11月。花穂は太い円柱形で小穂を多数つける。北海道（南部）〜沖縄に分布。

チヂミザサ
イネ科 チヂミザサ属
Oplismenus undulatifolius

頴を取り除いた果実。果皮はなめらかで光沢がある。熟すと小穂ごと運ばれる

果実期、芒は粘液を出しべたつく

林内や林縁に生える多年草。頴果は長楕円形で両端がとがる。小穂は2個の小花があり1個のみ結実する。小穂の苞頴には長さの違う芒があり、果実が熟すと粘液を出し、衣服などについて種子を散布する。花期は8〜10月。花序は短い枝を出し、小穂を数個つける。北海道〜九州に分布。

オギ
イネ科 ススキ属
Miscanthus sacchariflorus

水辺に生える大形の多年草。果実は穎果。狭披針形でやや平たい。小穂に芒はなく基部に長い銀白色の毛が多数つく。花期は9〜10月。花序は大きく、小穂のついた枝を多数出し、小穂は小花が2個で1個が結実する。株は作らず群生する。北海道〜九州に分布。

果実期、果序はふさふさしている

小穂の基部の毛は長く、小穂の倍以上ある

ススキ
イネ科 ススキ属
Miscanthus sinensis

山野に生える大形の多年草で、株を作って叢生する。穎果は線状楕円形でやや平たい。小穂には折れ曲がる芒があり、基部につく毛は小穂よりやや長い。花期は8〜10月。花序は多数の枝を出し、小穂に小花は2個。1個が結実する。北海道〜沖縄に分布する。

果実期後半は花序の枝は丸まってくる

小穂は長さ5〜7mm。芒は小花の護穎から伸びる

アシ
イネ科 ヨシ属
Phragmites australis

水辺に生える大形の多年草。ヨシともいう。穎果は線状長楕円形。小穂は2〜4個の小花があり第1小花は雄性、他は両性で基部に毛を密生する。花期は8〜10月。大形の円錐花序に小穂を多数つけ、全体は淡紫褐色。茎はよしずを作るなど昔から利用されてきた。北海道〜沖縄に分布。

花序はススキなどのように片側になびかない

白毛は小穂とほぼ同長。護穎の先が伸びて芒のように見える。円内は果実

イネ目

ガマの仲間　ガマ科 ガマ属

ヒメガマ
Typha domingensis

コガマ
Typha orientalis

ガマ
Typha latifolia

水辺に生える多年草。果実（円内）は堅果。長い果柄の基部には白い毛がつき先端の柱頭下の花柱は短い。果穂はこの果実がびっしりつまる。

水辺に生える多年草。果実（円内）は堅果。果実はヒメガマとほぼ同じ形だが、柱頭下の花柱は長い。果穂は短く下部はやや細まり色は濃い。

水辺に生える多年草。果実（円内）は長い果柄の基部にガマの穂綿となる白い毛がつき先端の柱頭が色づく。果実がつまった果穂がガマの穂。

晩秋、ガマの穂はほぐれて風に飛びはじめる

ヒメガマの果穂の断面。ほとんどが綿毛。褐色の堅果が見える

まだ若い種子。ほぼ球形で径5〜7mm　　粒状突起のある蒴果

ダンドク
カンナ科 カンナ属
Canna indica

熱帯アメリカ原産の多年草でハナカンナの原種の1つ。果実は蒴果。広楕円形で表面に粒状突起がある。種子は球形でかたく、黒く熟す。花期は夏。江戸時代初期には渡来したが野生化し、道端などで見かける。

林内に生える常緑高木。暖地では庭木にもされる。果実は液果で偏球形、長さは1〜1.2cm。熟すと青黒くなる。種子は腎臓形でくびれた所にへそがある。鳥が好んで食べるようで、雑木林などによく見られる。花期は5〜6月。雌雄異株。日本の自生は疑問で中国渡来説もある。

シュロ
ヤシ科 シュロ属
Trachycarpus fortunei

葉は大きく先は垂れ下がる　　冬に目にした常緑の葉の中の果実　　まが玉にも似た種子

葉の先は垂れない　　粉をふいた青黒い果実　　シュロより種子もやや小さい

庭などに植えられる常緑高木。果実は液果で偏球形。熟すと青黒くなる。種子は腎臓形で、果実も種子もシュロによく似るがどちらもやや小さい。葉はシュロより小さめで先が垂れ下がらずまっすぐ伸びる。原産地は不明。野生化しているものにはシュロとの雑種と思われるものもある。

トウジュロ
ヤシ科 シュロ属
Trachycarpus wagnerianus

味わえる椰子の実

ヤシ類の果実には有用なものが多く、特にココヤシとナツメヤシは食用として重要だ。ココヤシは、果実内部に溜まった液状胚乳・ココナッツジュースが飲用、胚乳から採れるココナッツミルクが料理用に使われ、独特の甘味と香りが特徴。胚乳を乾燥させたコプラからはヤシ油も採れる。

一方のナツメヤシ（デーツ）は紀元前数千年前から栽培されてきたとされ、イスラム教の聖典コーランには「神の与えた食物」と記される。糖分やミネラルを豊富に含み、中近東諸国を中心にドライフルーツや加工食品に使われている。

ナツメヤシ（*Phoenix dactylifera*）。日本では健康食品として利用される他、カレールーやお好み焼きソースの原料に使われる

ヤシ目

ヤマノイモの仲間　ヤマノイモ科 ヤマノイモ属

カエデドコロ
Dioscorea quinquelobata

オニドコロ
Dioscorea tokoro

ヤマノイモ
Dioscorea japonica

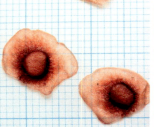

山野に生えるつる性の多年草。種子は全周に翼がある。果実は蒴果で3個の翼があり翼はやや角ばる。葉は掌状に5〜9裂する。雌雄異株でむかごはつかない。本州（中部地方以西）〜沖縄に分布。

山野に生えるつる性の多年草。種子は片側に翼がある。果実は蒴果で3個の翼があり下垂した果序に上向きにつく。翼はやや幅が狭い。葉は心形。雌雄異株でむかごはつけない。北海道〜九州に分布。

山野に生えるつる性の多年草。種子は平たく全周に薄い翼がある。果実は蒴果で3個の翼があり、それぞれに種子は1個。葉は三角状披針形。雌雄異株で葉腋にむかごをつける。本州〜沖縄に分布。

ネバリノギラン
キンコウカ科 ソクシンラン属
旧ユリ科
Aletris foliata

山地から亜高山の草地に生える多年草。花序の軸や花被に腺毛があり粘る。果実は蒴果で楕円形。種子はごく小さい線状楕円形で、一端に種枕状のものがつき、縦の隆条が複数ある。花期は4〜7月。花被は果期にも果実を包んで残る。北海道、本州（中部地方以北）〜九州に分布する。

果序は総状。果実期も苞が残る

種子は赤褐色でとても小さい。蒴果は先端が3裂して種子を出す

シオデ
サルトリイバラ科 シオデ属
旧ユリ科
Smilax riparia

山野の林縁や藪などに生えるつる性の多年草。果実は液果で、径1cmほどの球形。秋に緑色から黒色に熟し、散形花序につくので目を引く。種子は果実に3〜5個あり、長さ5mmほどの広倒卵形や広楕円形など。花期は7〜8月。若芽は山菜としても知られる。北海道〜九州に分布する。

晩秋にわずかに残った果実。動物の貴重な食料だ

種子は赤色。形は完全な球ではなく、片面に稜があるものも多い。円いのはへそ

サルトリイバラ
サルトリイバラ科 シオデ属
旧ユリ科
Smilax china

山野の林縁や林内に生えるつる性の半低木。果実は液果で、径7〜9mmの球形。散形花序につき赤く熟すので、野外でもよく目立つ。種子は長さ4mmほど。倒卵形、広楕円形、球形など形はさまざまで、平らな面があったり鈍い稜があるものもある。花期は4〜5月。ほぼ日本全土に分布する。

熟した果実。液果だが水分が少なく花材に向く

果実（左下）と種子。1つの果実に5個前後の種子が入っている

ユリ目

サルマメ
サルトリイバラ科 シオデ属
旧ユリ科
Smilax biflora var. *trinervula*

種子。表面はごく細かい凹凸がある。果実に種子は1〜2個ほど

サルトリイバラに似るが、つるにならず果実も少ない

山地に生える小さい落葉低木。茎はややジグザグになり、ごくまばらに刺がある。果実は球形の液果で、赤く熟す。種子は球形や半円形で、へそは大きい。花期は5〜6月。雌雄異株。果実は秋に熟すが翌年まで残るものもある。本州（関東地方西南部、中部地方）に分布する。

ヤマユリ
ユリ科 ユリ属
Lilium auratum

種子。種子は翌年の春には発芽せず、一夏が過ぎた秋になってやっと発芽する

果実は3裂し、風に揺らされると種子を飛ばす

山野の林縁や草地に生える多年草で、観賞用に栽培もされる。果実は蒴果。長さ約6cmの円筒形で3室に分かれ、中には400個ほどの種子がある。種子は長さ約1cm（種子本体は楕円形で約5mm）の扁平な半円形で、周囲に翼がある。花期は6〜8月。本州（北陸を除く近畿地方以北）に分布。

シンテッポウユリ
ユリ科 ユリ属
Lilium × *formolongo*

種子。母種のタカサゴユリで果実1個に700〜1000個の種子があるという

繁殖力が強く、1株にできる果実も多い

タカサゴユリとテッポウユリの交配種とされ、近年は街中から山野まで急激に野生化している。果実は蒴果で長さ7〜8cmあり、6本の縦溝がある円柱形。中は3室に分かれ、多数の種子が重なって収まっている。種子は長さ5mmほどの扁平な楕円形で、周囲に翼があり、風によって散布される。

ユリ目

Tricyrtis hirta ユリ科 ホトトギス属 **ホトトギス**

山野の林縁や林内に生える多年草で、観賞用にも栽培される。果実は蒴果で、長さ2〜2.5cmほどの3稜ある線状楕円形。果実は3室に分かれ、中に200〜300個の種子が入っている。種子は扁平な広楕円形で、長さ1.5〜2mmほど。花期は8〜9月。本州(関東地方以西)〜九州に分布する。

種子は暗灰褐色や暗赤褐色。縁がやや翼状になり、表面には横長の網目模様がある

果実は花と同様に上向きにつく

Erythronium japonicum ユリ科 カタクリ属 **カタクリ**

山野の林内に生える多年草。まだ木々が芽吹く前の早春に一斉に花を咲かせる。果実は蒴果で、3稜ある広楕円形。3室に分かれ、中に20〜30個の種子がある。種子は扁平な長楕円形で、表面にはしわがある。一方の端にエライオソームがあり種子はアリによって散布される。北海道〜九州に分布。

裂開した果実と種子。種子もエライオソームも赤褐色

果実は花の後も立ち上がる。成熟すると先端が3裂して種子を落とす

247

ユリ目

ウバユリ
ユリ科 ウバユリ属
Cardiocrinum cordatum

山野の林内に生える多年草。果実は蒴果で、長さ4～6cmの楕円形。立ち上がった茎の先に冬まで残るので目立つ。果実に種子は300～400個。種子は広倒卵状三角形で、翼は半透明。本州（関東地方以西）～九州に分布。

種子本体はゆがんだ倒卵形や楕円形

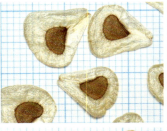

翼のある種子は広倒卵状三角形

成熟した果実は上部が3裂する

3裂した果実から種子がのぞく

オオウバユリの若い果実。ウバユリに比べて、1株につく花・果実の数が多いことが特徴の1つ

オオウバユリ
ユリ科 ウバユリ属
Cardiocrinum cordatum var. *glehnii*

山野の林内に生える多年草。ウバユリの変種で、中部地方以北の本州～北海道に分布する。果実や種子の大きさ、形はウバユリとほぼ同じ。果実は成熟すると3裂し、風に揺らされると翼のある種子が舞い散るように散布される。

種子はへそ部分が大きく縦の筋が多数ある。果実の種子数は確認したものでは8～11個

果実は葉の陰につくが、赤いため花のときより目につく

タケシマラン
ユリ科 タケシマラン属
Streptopus streptopoides ssp. *japonicus*

亜高山から高山の針葉樹林下に生える多年草。果実は液果で径7mmほどの球形。赤く熟し、細い柄の先にぶら下がる。種子は半楕円形で湾曲するものもあり、表面には複数の隆条がある。花期は5～7月。果実は8月頃に熟す。本州（中部地方以北）に分布する。

Disporum sessile イヌサフラン科 チゴユリ属 _{旧ユリ科} ホウチャクソウ

山野の林内などに生える多年草。果実は液果で、径1cmほどの球形。枝先に2〜3個ぶら下がって9月頃に青黒色に熟し、ふつう種子が4〜5個ある。種子は半球形や広楕円形など変化に富み、長さ3〜5mm。花期は4〜5月で、名前は寺院の屋根の四隅につける宝鐸に由来する。日本全土に分布。

種子の形は変化に富む。先端に太く短い突起があるものもある

花は緑みのある白色で、あまり開かない

果実。はじめ緑色から次第に黒く熟す

Helonias orientalis シュロソウ科 ショウジョウバカマ属 _{旧ユリ科} ショウジョウバカマ

山地の湿った場所に生える多年草で、亜高山の湿原などでも見られる。花茎は花期には10〜30cmだが、果実期になるとその何倍にも高く伸びる。果実は蒴果で、1つの果実が3つに大きくくびれ、成熟するとそれぞれが2裂して種子を出す。種子は線状長楕円形で、両側に細い翼のような付属体があり、全体で長さ6mmほど。花期は4〜5月で、ピンク色の花が美しい。北海道〜九州に分布。

3つにくびれる若い果実　裂開し種子を出した果実　種子。細く糸くずのようで、風で散布される

ユリ目／キジカクシ目

種子。エライオソームがつきアリが運ぶが、果実は他の甲虫や動物も食べると思われる

果実は黒く熟すもの、緑色や赤みのあるものなどがある

エンレイソウ
シュロソウ科 エンレイソウ属
旧ユリ科
Trillium apetalon

山地の湿った林内などに生える多年草。果実は液果でほぼ球形。6個の縦の稜があり、先端に柱頭が残る。種子は半楕円形でやや湾曲し、波状の低い隆条がある。花期は4〜5月。円い葉が3個輪生し、中心に咲く花の外花被片3個は果期にも残る。北海道〜九州に分布する。

種子。本体のわりに翼は大きくやや光沢があり、風によく乗りそうで全体にうねりがある

全体が大形で、果実も目立つ。果実は長さ2cm前後

バイケイソウ
シュロソウ科 シュロソウ属
旧ユリ科
Veratrum album ssp. *oxysepalum*

山地の林内や湿原などに生える大形の多年草。果実は蒴果で長楕円形。熟すと縦に3裂して、種子を風に飛ばす。種子は楕円形。種子本体は小さく、大きい翼で包まれる。花期は7〜8月。茎の下部は雄花で上部の両性花が実る。北海道、本州（中部地方以北）に分布する。

種子は偏楕円形や偏卵球形など。色は白っぽく、へそが大きく目立つ

赤く熟した果実。先端に花柱が残る

キチジョウソウ
キジカクシ科 キチジョウソウ属
旧ユリ科
Reineckea carnea

暖地の林内に群生する常緑多年草で、園芸用にも植えられる。ヤブランやジャノヒゲに雰囲気が似ているが、実るのは果実。果実は液果で、径6〜9mmの球形。秋から初冬に赤く熟す。種子は長さ5〜6mmで、1つの果実に2〜3個ある。花期は8〜10月。本州（関東地方以西）〜九州に分布。

オモト

キジカクシ科 オモト属
旧ユリ科
Rohdea japonica

暖地の林内に生える常緑の多年草。古くから栽培され、斑入りのものなど多くの品種がある。果実は液果で楕円形。穂状果序に密につき、秋に赤く熟す。1つの果実に1〜4個の種子があり、形は卵形や偏楕円形など。本州（中部地方以西）〜九州に分布するが、人家周辺での野生化も多い。

赤く密に実る果実はよく目立ち、観賞に向く

種子は長さ5〜10mm。淡褐色で表面はざらつく質感。へそが大きく目立つ

ツルボ

キジカクシ科 ツルボ属
旧ユリ科
Barnardia japonica

山野の草地や土手、芝地などに生える多年草。果実は蒴果。長さ5mmほどの倒卵形または楕円形で鈍い3稜がある。中は3室に分かれ、それぞれ1個の種子が入る。種子は長さ4mmほどの扁平な線状長楕円形。花期は8〜9月。昔は救荒植物として鱗茎を利用した。北海道（南西部）以南に分布。

果実は成熟すると上部が裂開して種子を落とす

種子はあまり光沢のない黒色で、表面には細かいしわがある

コバギボウシ

キジカクシ科 ギボウシ属
旧ユリ科
Hosta sieboldii

山野の湿地などに生える多年草。果実は蒴果で、3稜ある先がやや太くなった長楕円形。長さ2.5〜3cm。中は3室に分かれ、種子がきれいに重なり合って収まっている。果実1つに種子は20〜30個ある。種子は翼があり、本体は扁平な長楕円形。花期は7〜8月。本州〜九州に分布する。

成熟した果実は3裂して種子を風に飛ばす

種子は黒色。翼を含めた形は主に線状長楕円形だが、いびつなものもある

キジカクシ目

キジカクシ目

黒紫色の種皮を剥くと、淡いベージュ色の胚乳が出てくる。胚は内側にある

種子は黒紫色で光沢があり、一見すると液果状

ヤブラン
キジカクシ科 ヤブラン属
旧ユリ科
Liriope muscari

山野の林内に生える常緑多年草。果実に見えるのは種子で、果実は蒴果だが果皮がすぐに脱落して種子が剥き出しになって成熟する。種子は径8mmほどの球形。立ち上がった花茎に多数つくため、野外でも目を引く。1つの花に1〜4個の種子ができる。花期は8〜10月。本州〜沖縄に分布する。

種皮を剥いた種子。胚乳はごく淡い褐色。果実と種子を勘違いしやすいので注意

種子は葉陰に隠れて、色のわりには目立たない

ジャノヒゲ
キジカクシ科 ジャノヒゲ属
旧ユリ科
Ophiopogon japonicus

山野の林内に生える常緑多年草。ヤブラン同様、本種も蒴果の果皮が早くに脱落し、種子が剥き出しで成熟する。種子は径7〜8mmの球形で、鮮やかな青色。1つの花に1〜3個の種子ができる。昔は種子を「弾み玉」と呼び、子供の遊び道具にした。花期は7〜8月。北海道〜九州に分布する。

種子と種皮を剥いたもの。円内は種子の断面で、内側右上の白い部分が胚

花茎に多数の種子がつき、よく目を引く

ノシラン
キジカクシ科 ジャノヒゲ属
旧ユリ科
Ophiopogon jaburan

暖地の海岸近くの林内に生える常緑多年草で、ヤブランやジャノヒゲと同様に公園や庭にも植えられている。果実に見えるのは種子で、長さ約1.4cmの楕円形や卵円形。光沢のある鮮やかな青色に熟す。1つの花に種子は1個できる。花期は7〜9月。本州(東海地方以西)〜沖縄に分布する。

マイヅルソウ

キジカクシ科 マイヅルソウ属
旧ユリ科
Maianthemum dilatatum

山地や亜高山の針葉樹林の下に生える小さな多年草。果実は液果で径5〜7mmほどの球形。8〜10月に赤く熟す。種子は広楕円形や卵球形などで暗赤色。へそは大きい。果実に種子は1〜3個入っている。花期は5〜7月。花は白く総状につく。北海道〜九州に分布する。

果実。未熟なものはまだら模様で、熟すと赤くなる

種子。形はさまざまでへそ部分は楕円形。光沢はない

アマドコロ

キジカクシ科 アマドコロ属
旧ユリ科
Polygonatum odoratum var. *pluriflorum*

山野の草地に生える多年草。果実は液果で、径1cmほどの球形。秋に青黒色に熟す。種子は楕円形や卵球形。種子の休眠は低温に当たることで打破されるため、一冬越した翌春に芽生える。しかし、さらにもう一冬越さなければ地上で葉を開いて生長することができない。北海道〜九州に分布する。

果実。花と同様に茎に下向きに垂れ下がる

種子。色は淡褐色で、円形で大きめのへそがよく目立つ

ナルコユリ

キジカクシ科 アマドコロ属
旧ユリ科
Polygonatum falcatum

山野の林内などに生える多年草。アマドコロとよく似ているが、アマドコロは茎が角張るのに対し、本種の茎は丸い。果実は液果で、径0.7〜1cmの球形。アマドコロと同様に長い茎に並ぶようにぶら下がる。種子は卵球形や広楕円形で、長さ3.5〜4mm。北海道〜九州に分布する。

果実は花の後、緑色から黒色に熟す

種子は白みのある淡赤褐色。へそは色が濃く、円形でよく目立つ

キジカクシ

キジカクシ科 クサギカズラ属
旧ユリ科
Asparagus schoberioides

種子は黒色だが、へそだけは黄褐色なのでよく目立つ

赤い果実は目立つが、地域によっては減っている

山野や海岸の草地などに生える多年草。野菜のアスパラガスと同属で姿も似ている。果実は液果で径6〜8mmの球形。秋に赤く熟す。1つの果実に2〜3個の種子がある。種子はやや扁平な球形または楕円形で黒く、長さは5mmほど。花期は5〜6月。北海道〜九州に分布する。

ノカンゾウ

ツルボラン科 ワスレグサ属
旧ユリ科
Hemerocallis fulva var. *disticha*

種子はいびつな楕円形や卵円形で、数本の稜がある。色は光沢のある黒色

まだ少し若い果実。中は3室に分かれている

山野の湿った草地に生える多年草。走出枝による栄養繁殖で増え、自家不和合性を持つため、あまり結実しない。果実は3稜を持つ楕円形で長さ2〜2.5cm。花期は7〜8月。本州〜沖縄に分布。近縁のヤブカンゾウ(*H. fulva* var. *kwanso*)は三倍体で、しべが弁化するため結実しない。

ハマカンゾウ

ツルボラン科 ワスレグサ属
旧ユリ科
Hemerocallis fulva var. *littorea*

種子は光沢のある黒色。凸凹していびつだが、片面正中にはっきりした稜がある

果実。岩場のわずかな土の上にも生える

暖地の海岸の草地や崖地に生える多年草。果実は蒴果で3稜のある楕円形。成熟すると上部が3裂して種子を落とす。種子はいびつな倒卵形で、長さは6〜6.5mm。花期は7〜9月。ノカンゾウに似るが、暖地では地上部が枯れずに冬を越す。本州(関東地方南部以西)〜九州に分布。

キジカクシ目

ハマオモト(ハマユウ)
ヒガンバナ科 ハマオモト属
Crinum asiaticum var. *japonicum*

海岸の砂地に生える常緑の多年草。果実は蒴果で、ほぼ球形。成熟すると裂開し、また花茎が倒れて種子がこぼれ落ちる。種子は主に半球形。種皮が厚い海綿質で軽く、波に乗り海流に運ばれて散布される。分布は関東地方南部以南で、平均気温が14.5度を越えることが生育条件になっている。

倒れた花茎と果実。果実は先端に花柱が残る

発根をはじめた種子。色は灰白色で、しわがある。秋に海岸で拾うこともできる

タマスダレ
ヒガンバナ科 タマスダレ属
Zephyranthes candida

南アメリカ原産の園芸植物で、ゼフィランサスの仲間。近年は市街地近郊で野生化もしている。果実は蒴果で、楕円体を3つくっつけたような形。成熟すると裂開して種子を落とす。種子はやや扁平な楕円形や卵球形で、片面が丸く反対面には鈍い稜がある。長さは6〜7mm。花期は6〜9月。

裂開まえの果実(手前)と裂開した果実

種子は果実に7〜20個入っている。円内は種皮を剥いた状態

ヤマラッキョウ
ヒガンバナ科 ネギ属
Allium thunbergii

山地の草原に生える多年草。果実は蒴果で3稜形。熟すと3裂して種子を出す。種子は半広楕円形で黒色。花期は9〜10月。本州(福島県以南)〜沖縄に分布。よく似たタマムラサキは葉が扁平なところが違い、種子はより大きめ。関東地方南部、四国、九州の海岸崖地などに分布する。

果実は3稜があり先に花柱が残る。果皮は膜質になり薄くなる

種子はやや平たく黒い。果実に6個ほど。タマムラサキ(*A.pseudojaponicum*)の種子は大きめ

255

アヤメの仲間　アヤメ科　アヤメ属

アヤメ
Iris sanguinea

カキツバタ
Iris laevigata

ノハナショウブ
Iris ensata var. spontanea

山野のやや乾いた草地に生える多年草。果実は蒴果で、長さ約4cmの長楕円形。種子は長さ4mmほど。主に広倒卵形で断面は扇形になる。縁に狭い翼、表面に網目模様がある。北海道〜九州に分布。

山野の湿地や水辺に生える多年草。果実は蒴果で、長さ4cmほどの長楕円形。成熟すると3裂して種子を落とす。種子はアヤメより少し大きめで、色はより明るい。北海道〜九州に分布する。

山野の湿地などに生える多年草。果実は蒴果。長さ2〜3cmの楕円形で、先端にくちばし状突起がある。種子は長さ5〜6mm。円い種子本体の周囲が翼状になった扇状三角形。北海道〜九州に分布。

キジカクシ目

ヒオウギ
アヤメ科 アヤメ属
Iris domestica

山野の湿った草地などに生える多年草で、昔から観賞用にされている。果実は蒴果。楕円形で6本の縦溝でくびれる。成熟すると裂開して果皮がめくれ、黒い種子が剥き出しになる。種子は「射干玉（ぬばたま）」と呼ばれ、和歌では「黒」「夜」「髪」などにかかる枕詞にされる。本州～九州に分布。

果実。中に種子が10～15個入っている

種子は径5mmほどの球形または偏球形。白いものや円内は種皮を剥いたもの

ニワゼキショウ
アヤメ科 ニワゼキショウ属
Sisyrinchium rosulatum

北アメリカ原産の多年草で、草地や芝地などでふつうに見られる。果実は蒴果で、径3～5mmの球形。その中に長さ1mmほどの種子が60個前後入っている。種子は主に偏倒卵形で一面に大きなくぼみがあり、表面は凸凹で網目模様になる。よく似たオオニワゼキショウは花も果実も少し大きい。

果実は成熟すると3裂して種子を落とす

種子は暗灰褐色。形はおにぎりのような感じ。多数のくぼみの縁が網目をつくる

シュンラン
ラン科 シュンラン属
Cymbidium goeringii

山野の明るい林内に生える多年草。果実は蒴果で、長さ8～10cmの線状紡錘形。果実は成熟すると上端がついたまま胴が縦に裂け、細かい種子を多数出す。種子は長さ1.5mmほどの線状紡錘形で、ほとんど半透明。中央には、楕円形または卵円形の胚が見える。北海道～九州に分布。

若い果実。果実期には花茎が伸びて立ち上がる

とても小さな種子。拡大してみると縦長の網目模様がある

キジカクシ目

種子はほとんど半透明で、縦長の網目模様がある。中央部には胚が見える

果実は胴が縦に裂開して種子を落とす

エビネ
ラン科 エビネ属
Calanthe discolor

山野の林内に生える多年草で、庭や公園などに植えられる。果実は楕円形の蒴果で、花茎に数個ぶら下がる。種子は非常に小さく、0.6mmほどの線状紡錘形。本種をはじめ、森林性のランは寄生バエの影響で結実が阻害されることが多い。花期は4〜5月。北海道(南西部)〜九州に分布。

種子は透明感のある白色で、縦長の網目模様があるが、見るには拡大鏡が必要

果実。花と同じようにねじれたまま密につく

ネジバナ
ラン科 ネジバナ属
Spiranthes sinensis var. *amoena*

道端や土手、芝地など草丈が短く日当たりのよい場所に生える多年草。果実は蒴果。花と同様に小さいが、よく結実するようで観察はしやすい。種子も非常に小さく、長さ0.6mm、幅0.1mmほどの線状紡錘形。中央部に長楕円形の胚がある。花期は5〜8月。別名はモジズリ。日本全土に分布する。

種子は線状紡錘形で、長さ1.6mm、幅0.3mmほど。微細な網目模様がある

果実は長楕円形で、6本の稜がある

シラン
ラン科 シラン属
Bletilla striata

日当たりのよい草地や斜面に生える多年草。園芸用にも植えられる。果実は蒴果で、中に非常に小さな種子が多数入っている。ラン科植物の種子は胚乳がなく発芽に共生菌の助けが必要で、種子でふえにくいとされるが、本種は他種に比べて種子からふえることも多いようである。本州〜沖縄に分布。

キジカクシ目

オニノヤガラ
ラン科 オニノヤガラ属
Gastrodia elata

雑木林に生える菌従属栄養植物で、葉緑素をまったく持たず、ナラタケと共生することが知られている。果実は楕円形の蒴果で、直立した茎の先に多数つく。種子は線状紡錘形で、長さ0.5〜0.8mm、幅0.1mmほど。中央で緑褐色の楕円形に見えているものが胚。北海道〜九州に分布する。

種子を出す果実。果実の胴が縦に裂開する

種子は他のランと同様に極小。胚以外は半透明で、表面に縦長の網目模様がある

ツチアケビ
ラン科 ツチアケビ属
Cyrtosia sepatentrionalis

山地の林内に生える菌従属栄養植物。果実は8cm前後のバナナ状で、多肉質。秋に鮮赤褐色に熟す。種子は周囲に翼がある風散布型だが、果実は熟しても裂開しない。果実を鳥や動物がかじる例があり、種子散布に関係があると思われる。北海道(南西部)〜九州(徳之島まで)に分布。

名前はこの果実をアケビの果実にたとえたもの

果実内部と種子(円内)。種子は長さ1mm弱で、翼をのぞいた本体は偏楕円形

カヤラン
ラン科 カヤラン属
Thrixspermum japonicum

大木や古木の樹幹に着生する常緑の多年草。茎から灰白色の根を伸ばし着生する。果実は蒴果。線形の棒状で、縦の稜がある。熟すと縦に2裂して種子を出す。種子はごく小さい線形。花期は4〜5月。花は淡黄色で数個が総状にぶら下がる。本州(岩手県以南)〜九州に分布する。

果実。花は全体丸い印象なので棒状の果実の形は意外

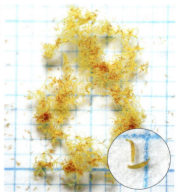
種子。果実が割れると綿くず状のものと一緒に出てくる

ショウブ目／オモダカ目

種子は長楕円形や狭倒卵形。上部に白い毛が多数つく

果実は緑色で丸く膨れているもの

セキショウ
ショウブ科 ショウブ属
Acorus gramineus

渓流などの水辺に群生する常緑の多年草。果実は蒴果で倒卵円形。種子は長楕円形で上部に白い毛が多数ある。蒴果に種子は4〜6個ある。花期は3〜5月。茎の先に細長い肉穂花序をつけ、同長かやや長い葉状の苞をつける。よく栽培もされる。本州〜九州に分布。

集合果と痩果。花床に200〜400個の痩果がある。胚はUの字形（円内）

集合果。成熟すると痩果が剥がれ落ちる

オモダカ
オモダカ科 オモダカ属
Sagittaria trifolia

水田や湿地に生える多年草。花には多数の雌しべがあり、果実も球形の集合果になる。果実は痩果で翼果でもあり、長さ約5mm。形は倒卵形で、片側の肩に花柱が突起状に残る。種子には胚乳がなく、痩果の中央にUの字形に曲がった胚がある。種子のほか、球茎でもふえる。日本全土に分布。

液果は熟すと果序からはずれる。液果に種子は2個。種子の腹面中心にへそがある

果序はその様子からベコノシタとも呼ばれる

ミズバショウ
サトイモ科 ミズバショウ属
Lysichiton camtschatcense

湿原に生える多年草。群生することが多い。果実は液果。花後白い仏炎苞は枯れ、円柱形の花序はやや平たい緑色の果序になる。熟すと果序はくずれ、液果はぽろぽろはずれる。種子は楕円形。背面は丸みがあり、腹面はくぼむ。花期は5〜7月。北海道、本州（中部地方以北）に分布。

ウラシマソウ

サトイモ科 テンナンショウ属

Arisaema thunbergii ssp. *urashima*

山野の湿った林内や海岸近くに多い多年草。円柱状の雌花序は仏炎苞内で結実し、液果で狭倒卵形の果実が密生する。果実は秋に鮮やかな朱赤色に熟す。種子は広卵形や半円形など。花期は3〜5月。雌雄異株。花序の付属体が長く伸びるのが特徴。北海道（南部）〜九州に分布。

果実。先に柱頭が残る。有毒だが、鳥はよく食べる

種子。形はさまざまで先がとがるものもある。果実に2個ほど入っている

ミミガタテンナンショウ

サトイモ科 テンナンショウ属

Arisaema limbatum

山野の林内に生える多年草。果実は液果。雌花序は仏炎苞の中で結実し、赤く熟す頃仏炎苞は枯れて果序が現れる。種子は卵形や広楕円形で径約4mm。花期は3〜5月。仏炎苞は暗紫色で白い筋があり、口辺部は広く張り出す。花後、葉は大きくなる。本州、四国に分布する。

果実は毒性が強く、赤色はむしろ危険信号

種子。種皮はなめらか。基部は小さくくぼみへそがある

ソシンロウバイ

ロウバイ科 ロウバイ属

Chimonanthus praecox f. *concolor*

庭や公園などに植えられる落葉低木。果実は偽果で中には痩果が5〜20個入っている。痩果はいびつな楕円形でやや扁平。背面と腹面に盛り上がった条がある。花期は1〜2月で花は黄色。ロウバイ（*C.praecox*）は花の芯に赤みがあり花はやや小さい。ともに中国原産。

偽果の先端には雄しべや仮雄ずいが残る

痩果は個性的な形の偽果の中に縦に並んで入っている

クスノキ目

ハマビワ
クスノキ科 ハマビワ属
Litsea japonica

種子。楕円形で赤褐色の斑模様があり、先端部は色が明るい。果実は大きいが種子も大きい

果実。緑色の期間は長く徐々に鳥が好む黒色に熟す

暖地の海岸に生える常緑小高木で、雌雄異株。果実は液果。杯状の果托の中で生長し、熟す頃も基部に果托が残る。果実は楕円形で長さ1.5〜2cm、種子は1個。花は秋に咲き、果実は翌年の春に熟して毛が密生した若葉とともに見られる。本州（山口県、島根県）、四国〜沖縄に分布。

クスノキ
クスノキ科 ニッケイ(クスノキ)属
Cinnamomum camphora

種皮はやや厚く、香りがある。熟す頃街中の木にはカラスがよく来る

果実の数は多く、熟す頃はよく目立つ

本州〜九州の暖地で見られ、植栽もされる常緑高木。果実は椀形の果床の先につく。果実は液果でほぼ球形。径8mmほどで秋に黒紫色に熟す。種子は球形で灰褐色。光沢はない。花期は5〜6月。本来の自生種かどうかは疑問視されるが、古くから寺社などに植えられ巨樹も多い。

ヤブニッケイ
クスノキ科 ニッケイ(クスノキ)属
Cinnamomum tenuifolium

種子はやや平たく表面は薄い膜で覆われているように見える

果実は長さ約1cmでラグビーボールのような形

暖地の森林や海沿いの森に生える常緑高木。芳香がある。果実は楕円形で浅い杯状の果床の先につく。果実は液果。秋に青黒色に熟す。種子は広楕円形で淡褐色。光沢はない。花期は6月頃。長い花柄の先に黄緑色の小さな花を散形状につける。本州（関東、北陸地方以西）〜沖縄に分布。

Machilus thunbergii クスノキ科 タブノキ（ワニナシ）属 **タブノキ**

常緑高木で暖地の海岸近くでよく見かける。果実は液果で果肉は緑色。黒緑色に熟し、ほぼ球形で径1cmほど。熟す頃果柄は赤くなる。種子は偏球形で茶褐色。乾燥すると白くなり淡褐色の斑が入る。花は両性。黄緑色で4〜5月に咲き、果実は夏に熟す。本州〜九州に分布する。

果実は基部に花被片が残る。色は独特で目を引く。種子は乾くと白くなり、斑模様が入る

花色は地味だが数が多くよく目立つ

若い果実は緑色

Neolitsea sericea クスノキ科 シロダモ属 **シロダモ**

暖地の森に生える雌雄異株の常緑高木。果実は液果で長さ1.5cmほどの広楕円形。翌年の10〜11月頃に赤く熟し、同時期に花も咲くため同じ枝に花と実が見られる。種子はほぼ球形で径9mmほど。果実は常緑の葉の中で目立ち鳥を呼ぶ。本州（宮城県、山形県以南）〜沖縄に分布する。

花と果実が同時に見られる

実離れがよく、果実から種子はすぐにはずれた

クスノキ目

クスノキ目

種子は浅い一筋の隆条がある。種子も果実もとにかくその大きさで目を引く

若い果実は緑色で光沢がありよく目立つ

アブラチャン
クスノキ科 クロモジ属
Lindera praecox

山地に生える落葉低木。湿った所に多く、幹は叢生する。雌雄異株。果実は液果でほぼ球形。径1.5cmほどと大きい。はじめ緑色で後に乾いて褐色になる。中には大きな種子が1個詰まっている。秋の末、果皮が割れて種子を落とす。花は黄色。3〜4月に葉に先だって咲く。本州〜九州に分布。

茶色の種子は大きめで縁には隆条が見られる

葉の落ちた後、光沢のある赤黒く熟した果実がよく目立つ

ダンコウバイ
クスノキ科 クロモジ属
Lindera obtusiloba

山地に生える落葉低木。果実は液果。球形で径8mmほど。小果柄は花時より長い。果実は秋に赤く熟し後に黒みを帯びる。種子は球形で基部は小さな突起状。花期は3〜4月。雌雄異株。花は黄色で雄花序の方が大きめで目立つ。秋の黄葉も見事。本州(関東地方、新潟県以西)〜九州に分布。

種子は黒褐色で球形

冬には果実は落ちるが葉は春まで残る

ヤマコウバシ
クスノキ科 クロモジ属
Lindera glauca

山地に生える落葉低木。果実は液果。球形で径6mmほど。黒色に熟す。種子はほぼ球形。花期は4月。花は小さく目立たないが、葉は紅葉後春まで落ちず、冬によく目立つ。雌雄異株で中国には雄株があるが、日本では雌株しかなく雄株なしで結実する。本州(関東地方以西)〜九州に分布する。

クロモジ
クスノキ科 クロモジ属
Lindera umbellata

山地に生える落葉低木。果実は液果。球形で径6mmほど、光沢があり秋になると黒く熟す。種子は偏球形で長さ5mmほど。灰褐色で光沢はない。果実に種子は1個。花期は4月。雌雄異株。葉の展開と同時に開花する。枝は香気があり高級な楊枝となる。本州～九州（北部）に分布。

果実は黒色で2cmほどの柄がある

種子は偏球形～球形。果肉を取るときクロモジの香りは感じなかった

オガタマノキ
モクレン科 モクレン属
Magnolia compressa

照葉樹林帯や沿海地に生える常緑高木。神社などに植えられる。果実は袋果が集まった集合果で、長さ5～10cm。種子は扁円形や広楕円形で、袋果に2～3個入っている。種皮は赤く、肉質の中層がある。花期は2～4月。果実は秋に熟す。本州（関東地方南部）～沖縄に分布。

袋果は赤く熟し、1個ずつ果軸につく

上は色あせた種子。下は肉質の種皮を取り除いたもの。黒褐色でやや平たく縦の稜が多数ある

ろうそくの蝋も果実由来

ロウソクの蝋は、昔は蜜蝋や鯨油、現在では原油由来のパラフィンを使って作られている。一方、日本のロウソクには植物の果実から採れる木蝋が使われた。古くはヤマウルシやヤマハゼの果実から採れる蝋を使って作られ始め、江戸時代からはハゼノキが琉球から導入されて主流になった。日本のロウソクは「和ろうそく」と呼ばれ、現在では葬祭用としてだけでなく、伝統工芸品としても作られるようになっている。

和ろうそく。美しい絵などが描かれた絵ろうそくが人気。

モクレン目

モクレンの仲間 モクレン科 モクレン属

コブシ
Magnolia kobus

落葉高木。果実は袋果が集まった集合果。熟すと色づき裂開して糸状の珠柄で赤い種子をぶら下げる。種子は赤い外層と肉質の中層、黒い内層があり形は腎形や心形。花の基部に小さな葉がつく。

タムシバ
Magnolia salicifolia

山地に生える落葉高木。集合果は熟すと裂け、赤い種子が白い糸状の珠柄でぶら下がる。種子の内層は黒色で光沢がある。形はやや扁平で腎形や心形。花はコブシと違い基部に葉がつかない。

ハクモクレン
Magnolia denudata

中国原産の落葉高木で公園などに植えられる。果実は集合果。熟すと裂けて赤い種子をぶら下げる。種子は赤い外層や中層を取ると黒い内層部がある。形は扁平な栗の実に似る。前2種より大きめ。

ホオノキ
モクレン科 モクレン属
Magnolia obovata

山地に生える落葉高木。果実は袋果が集まった集合果。袋果に種子は2個で糸状の珠柄でぶら下がる。種子は卵形〜楕円形で外層は朱赤色、中層は果肉のように厚くて白っぽく、内層は黒褐色でかたい。花は大きく径20cmほどで芳香があり、初夏に咲く。北海道〜九州に分布する。

熟した大きな果実は重みで垂れ下がる

種子は長さ8〜10mm。朱赤色の外層を取り白く見える部分は果肉のような中層

モクレン目

タイサンボク
モクレン科 モクレン属
Magnolia grandiflora

公園樹、街路樹、庭木として植えられる常緑高木。果実は袋果が集まった集合果。1つの袋果に種子は2個だが種子のできないしいなの袋果が多い。種子は長楕円形から卵形で外層は朱赤色。内層は淡黄褐色で光沢はない。花は白色で芳香があり直径25cmほどもある。北アメリカ原産。

糸状の白い珠柄にぶら下がる種子

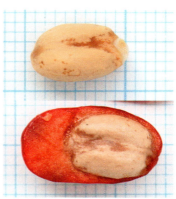
上、種子の内層。下、種子の外層を半分取り去った内層の様子

ユリノキ
モクレン科 ユリノキ属
Liriodendron tulipifera

街路樹として、また公園などに植えられる落葉高木。果実は細長い翼果が集まり松かさ状となった集合果。上向きにつき、翼果はくるくる回転しながら落下する。種子は翼果のつけねのかぎ状の部分にある。1〜2個つくがしいなも多い。花期は5〜6月。北アメリカ原産で明治時代に渡来。

外側の翼果がコップ状に残った果実

翼果の翼は長くて幅も広く、風にのり回転しながら落下する

コショウ目

種子は果実に8〜10個ほど。ドクダミは地下茎を伸ばし群生するが種子も多数つくる

果穂は緑色で、そり返った花柱が目立つ

ドクダミ
ドクダミ科 ドクダミ属
Houttuynia cordata

庭の隅など半日陰に生える多年草。身近でよく見られる。果実は蒴果。ほぼ球形でそり返った花柱が目立つ。熟すと花柱の元から裂開する。種子は広楕円形。両端がとがり、網目模様がある。花期は6〜7月。白い花弁状の総苞片の上に黄色い葯の目立つ花穂をつける。本州〜沖縄に分布する。

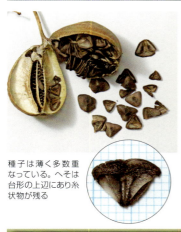
種子は薄く多数重なっている。へそは台形の上辺にあり糸状物が残る

果柄ごと割れた果実。めったに結実しない

ウマノスズクサ
ウマノスズクサ科 ウマノスズクサ属
Aristolochia debilis

林縁や土手などに生えるつる性の多年草。果実は蒴果。広卵形で長さ2.5〜3cmほど。熟すと果柄ごと縦に6裂する。果実は内が6室に分かれ、室ごとに種子が重なって入っている。種子は薄い台形で片面に張り出し、くぼんだ面には薄い膜がつく。花期は7〜9月。本州（関東地方以西）〜九州に分布。

割れた蒴果内は液質。円内は種子。背面は丸みがある。種子は薄い膜に覆われる

若い果実。裂開後は黒褐色になって残る

オオバウマノスズクサ
ウマノスズクサ科 ウマノスズクサ属
Aristolochia kaempferi

山地の林内に生える落葉つる性の木本。果実は蒴果。長楕円形で長さ4〜6cm。はっきりした6稜がある。熟すと先端が6裂する。種子は蒴果の中軸に重なってついてぶら下がる。種子は広楕円形。腹面は深くくぼみ中央に縦隆条がある。花期は3〜5月。本州（関東地方以西）〜九州に分布。

カンアオイ
ウマノスズクサ科 カンアオイ属
Asarum nipponicum var. *nipponicum*

山地の林の下に生える多年草。花は地面に埋もれるように咲き、花弁状のものは萼片で下部は筒状。その形のまま果実となり、熟すとくずれて中の種子が出る。種子は倒三角状で大きな種枕がつく。花期は10～2月。葉は斑入りが多く美しい。本州（関東地方南部～静岡県）に分布。

果実期。果柄が伸び、筒部はかたくなりやや張り出す

果実の断面。果実は液果状。円内は種子でへそから片側へかけてアリが好む種枕がつく

センリョウ
センリョウ科 センリョウ属
Sarcandra glabra

暖地の林内に生える常緑の小低木で、庭にも植えられる。果実は赤色の核果で球形、径5～7mmほどあり枝先に集まってつく。核は球形または楕円形で光沢はない。花は初夏に咲き果実はその年の暮れに熟し早春まで枝先に残っている。本州（東海地方、紀伊半島）～沖縄に分布する。

冬の林に残る赤い果実はよく目立つ

核はほぼ球形でうっすらと斑が入っている

フタリシズカ
センリョウ科 チャラン属
Chloranthus serratus

山野の林内に生える多年草。果実は核果。広倒卵形や円形。熟しても緑色で時間がたつと褐色を帯びてくる。核果に核は1個。花穂は上向きだが果実期は横に倒れる。花期は4～6月。花弁も萼もない白い小さな花の穂を2～数個頂生する。北海道～九州に分布する。

果穂は倒れ花の時期より目立たない

果実はやや透明感がある。種子（円内）はなめらか

アウストロバイレヤ目

種子は光沢が強くへそその部分はくちばし状となる

袋果。シキミは全草が有毒だが、中でも果実は毒性が強い

シキミ
マツブサ科 シキミ属
旧シキミ科
Illicium anisatum

山地に生える常緑小高木で寺社や墓地によく植えられる。果実は袋果が8個集まった集合果で、熟して割れると種子が見える。種子は楕円形、黄褐色〜茶色で光沢がある。花は黄白色で早春に咲く。葉は油点があり傷つけると抹香の香りがする。本州（東北地方南部以南）〜沖縄に分布。

1つの液果に2〜3個の種子が入っている

和菓子の鹿の子に似た果実は初冬の林縁でよく目立つ

サネカズラ
マツブサ科 サネカズラ属
Kadsura japonica

山野の林縁などに生える常緑つる性の木本。雌雄異株。果実は液果が球状に集まった集合果で径3cmほど。11月頃熟す。種子は腎臓形で長さは約5mm。表面はなめらかでやや光沢がある。花は8月頃咲くが葉の陰であまり目立たない。本州（関東地方以西）〜沖縄に分布する。

種子の表面にはびっしりいぼ状突起が並ぶ。へこんだ白っぽいところがへそ

果実は10月頃、青黒色に熟す。中に種子は2個ほど

マツブサ
マツブサ科 マツブサ属
Schisandra repanda

山地の林縁に生える落葉つる性木本で、つるは左に巻く。果実は液果で房状につく集合果。青黒色、球形で径8〜10mm。種子は腎臓形で茶褐色、表面にはいぼ状の突起がある。雌雄異株。花は初夏に咲き果実は秋に熟す。北海道〜九州に分布する。

チョウセンゴミシ
マツブサ科 マツブサ属
Schisandra chinensis

山地の林縁に生える落葉つる性木本。つるは左に巻く。赤色の果実は液果で球形、径7mmほど。房状に集まり集合果となる。種子は黄褐色で腎臓形。表面はなめらかでやや光沢がある。果実に種子は1個。花は初夏に咲き香りが良い。北海道、本州（中部地方以北）に分布する。

晩秋になり表面がしおれてきた果実

種子は腎臓形でやや扁平

コウホネ
スイレン科 コウホネ属
Nuphar japonica

池や沼などに生える多年草。浅い水中に生える。花後、黄色の萼は緑色になり、果実期も残る。果実は液果で水中で熟す。種子は倒卵形。褐色で種皮はなめらか。花期は6〜9月。水中から伸び出た花柄の先に黄色の花を1個つける。観賞用にも植えられる。北海道（西南部）〜九州に分布する。

果実。萼は緑色になり残る

種子はなめらかで、色も形もチョコレート菓子のよう

イチョウ
イチョウ科 イチョウ属
Ginkgo biloba

街路樹、公園樹としてよく見かける落葉高木。種子は外種皮が黄褐色で悪臭があり枝にぶらさがる。外種皮を取り除いた内種皮つき種子がよく食べられるギンナン。ふつう2稜あり3稜のものもある。雌雄異株。大きいものは高さ30mになる。中国原産とされるが原産地は不明。

悪臭のある外種皮のついた種子

外種皮を取り除いた銀杏（ギンナン）

アウストロバイレヤ目／スイレン目

イチョウ目

マツ目

緑色の套皮に包まれた種子は毒成分を含み食べられない

赤く甘い果床は種子とともに鳥に食べられる

イヌマキ
マキ科 マキ属
Podocarpus macrophyllus

海岸に近い山地に生える常緑高木で庭木や生垣にされる。核果状の種子は赤く熟す果床の先につき、灰緑色の套皮に包まれる。果床は花床が育ったもので、熟すと甘く食べられる。雌雄異株で花は5〜6月に咲き、果実は10〜12月に熟す。本州（関東地方以西）〜沖縄に分布する。

種子。粉をかぶったように白っぽい。種子から採れる油は神社の灯火用にされた

種子は径1.5cm前後。秋に熟しその頃には褐色になる

ナギ
マキ科 ナギ属
Nageia nagi

暖地の山地に生えるが、よく植栽もされる常緑高木。種子はほぼ球形。若い時期は緑白色で、熟すと褐色になる。花期は5〜6月。雌雄異株。雌花は数個の鱗片があり胚珠がむきだしでつく。受精すると鱗片が肥大した套皮が種子を包む。本州（紀伊半島、山口県）〜沖縄に分布。

果鱗が開いて種子を出した後の毬果と種子

若い緑色の毬果は球状でやや角がある

サワラ
ヒノキ科 ヒノキ属
Chamaecyparis pisifera

山地から亜高山帯に生える日本固有の常緑高木。毬果は球形で直径7mmほどありやや角ばる。種子は長さ3mmほどで両側に広い翼がある。庭木にもされヒヨクヒバなど多くの園芸品種があり、材は建築材となり風呂桶などにも使われる。本州（岩手県中部以南）〜九州に分布する。

マツ目

ヒノキ
ヒノキ科 ヒノキ属
Chamaecyparis obtusa

山地に生える日本固有の常緑高木。毬果は球形で直径1cmほど。秋に熟すと果鱗が開いて種子を出す。種子は長さ4～5mmで翼がある。雌雄同株で花は春に咲く。庭園樹や盆栽にされ、材は日本の針葉樹の中で最も評価が高い。本州（福島県以南）～九州（屋久島まで）に分布する。

若い毬果。サワラに似るがやや大きく丸みがある

熟して開いた毬果と種子。種子は両端に大きい翼がある

スギ
ヒノキ科 スギ属
旧スギ科
Cryptomeria japonica

山地に自生、また各地で広く植林される日本固有の常緑高木。毬果は径2cmほどで秋に熟す。種子は長さ約6mm。扁平で周囲に翼があり風によって散布される。雌雄同株で花は春に咲く。風媒花で花粉はとくに小さく風に乗って遠くまで運ばれる。本州～九州（屋久島まで）に分布する。

中に種子のつまった熟した毬果

縁に狭い翼がある種子

ラクウショウ
ヒノキ科 ヌマスギ属
旧スギ科
Taxodium distichum

湿地に生育しヌマスギとも呼ばれる落葉高木。毬果は球形で径約3cm。10～12個の果鱗からなる。果鱗に種子は1～2個。種子は茶褐色でヤニがつく。薄い翼があるが、毬果が熟すと開いた果鱗についたまま、飛ぶことなく落ちる。北米東南部、メキシコ原産で公園などに植えられる。

若い毬果。毬果は秋に熟す。花は春に咲く

ほぐしてみた熟した毬果。円内はいびつな形の種子

マツ目

メタセコイア
ヒノキ科 メタセコイア属
旧スギ科
Metasequoia glyptostroboides

種子は扁平で広い翼があり風に乗って飛ぶ

種子を出す頃の毬果。割れはじめている

公園樹や街路樹として植えられる落葉高木。毬果はほぼ球形で径1.5cmほど。秋に熟し果鱗が開いて種子を出す。種子は長さ約4mmで広い翼がある。雌雄同株で花は早春。雄花は枝先に下がる花序につく。1945年に中国南西部で発見され生きた化石として有名になった。別名アケボノスギ。

コウヤマキ
コウヤマキ科 コウヤマキ属
Sciadopitys verticillata

種子。翼はほぼ全周につき、先端は切れ込む。種鱗の上端は外側にめくれる

毬果。マツボックリに似るが、種鱗の様子がちがう

山地に生えるが、庭園や庭などにも植えられる常緑高木。毬果は楕円形で長さ6〜12cm。種子は楕円形で縁に翼があり、種鱗の内側に7〜9個つく。種鱗は扇形。苞鱗は種鱗外側につき、より短い。花期は4月。雌雄同株。毬果は翌年秋に熟す。本州（福島県以南）〜九州に分布。

ハイマツ
マツ科 マツ属
Pinus pumila

種子は大きく、売っている「松の実」と同様に食べられる。山の生きもの達にも重要な食料

毬果は熟してもあまり開かない。山では側で見られる

高山帯に生える常緑低木。毬果は楕円形で長さ3〜6cm。開花の翌年の秋に熟す。種鱗はやや厚く先はまるい。種子に翼はなく長さ8〜10mmと大きい。種子散布はホシガラスをはじめ高山に住む動物たちに頼っているのだろう。北海道、本州〈中部地方以北〉に分布。

アカマツ　マツ科 マツ属　*Pinus densiflora*

山地に生える常緑高木で雌雄同株。植栽もされる。毬果は卵形で長さ4〜5cm。開花の翌年秋に熟す。種鱗はくさび状で先端は菱形、苞鱗は小さく種鱗の外側基部につく。種子は種鱗の内側に2個つき長い翼がある。花は春。メマツともいう。北海道（南部）、本州〜九州に分布。

翼が長い種子は、晴れた日毬果の種鱗が開き風に飛ぶ

未熟な毬果と熟して種子を散らした毬果

毬果断面。種鱗内側に種子ができている

10mm

クロマツ　マツ科 マツ属　*Pinus thunbergii*

山地や海岸近くに生える常緑高木。防潮林としても植えられる。雌雄同株。毬果は長さ4〜6cmで開花の翌年秋に熟す。種鱗はくさび状で先は多肉の菱形になり、苞鱗は小さく種鱗外側につく。種子は種鱗の内側に2個つき長い翼がある。花は春。オマツともいう。本州〜九州に分布。

種子。アカマツに似るが、より大きく毬果も大きい

晴れた日種鱗を開く毬果。曇りは閉じる

若い毬果断面。もうリスが食べられる

10mm

マツ目

マツ目

種子。翼は本体よりも長い。熟すと種鱗とともにばらけて落ち、毬果は果軸が残る

毬果。若いものほど突き出た苞鱗が目立つ。色も特徴

モミ
マツ科 モミ属
Abies firma

山地に生える日本固有の常緑高木。雌雄同株。毬果は長さ9〜13cmの円柱形で灰緑色。上向きにつく。種鱗は扇形。苞鱗は細くて種鱗より長く、先が突き出る。種子は薄く長い翼があり種鱗の内側に2個つく。花は5月頃。毬果は秋に熟す。本州〜九州（屋久島まで）に分布。

種子。翼は同じぐらいの長さ。種鱗の内側に2個つき、熟すと種鱗とともに風に飛ぶ

毬果。長さ5〜6cm。よくヤニがつく。開花の年の秋に熟す

シラビソ
マツ科 モミ属
Abies veitchii

亜高山に生える常緑高木。毬果は円柱形で暗青紫色。種鱗は扇形で、外側の苞鱗は種鱗と同長かやや長い。種子は翼がある。本州（福島県〜中部地方、紀伊半島）、四国に分布。中部地方以北に分布するオオシラビソ（*A. mariesii*）は毬果も種子もより大きめ。苞鱗は種鱗より短い。

種子の翼は長い。種鱗は先が2裂するものもある。果軸にらせん状につく

若い毬果。とても大きく種子を飛ばしてもばらけない

ドイツトウヒ
マツ科 トウヒ属
Picea abies

ヨーロッパ原産の常緑高木で、葉のつく小枝が下垂し独特の樹形になる。公園や庭園などに植えられる。円柱形の毬果は長さ10〜18cmで、枝からぶら下がる。種鱗は菱状楕円形で、内側に翼のある種子が2個つく。苞鱗は小さい。花期は5〜6月。雌雄同株。毬果は秋に熟す。

カラマツ　マツ科 カラマツ属　*Larix kaempferi*

山地に生える落葉高木。雌雄同株。毬果は小さく卵状球形で長さ3cmほど。開花年の秋に熟す。種鱗は広卵形で先がそり返る。苞鱗は種鱗と同長かやや長い。種子は翼があり種鱗の内側に2個つく。花は5月頃で秋の黄葉も美しい。日本固有。本州（宮城県以西〜中部地方）に分布。

種子本体は広倒卵形。ややうねりのある長い翼がある

毬果。種子を飛ばしてもばらけず枝に残る

若い毬果。種鱗がそり返り花のよう

ヒマラヤスギ　マツ科 ヒマラヤスギ属　*Cedrus deodara*

公園などに植えられる常緑高木。毬果は大きく卵形で長さ6〜13cm。開花の翌年秋に熟す。種鱗は幅広の扇形で種子は2個。種子は薄い翼があり熟すと種鱗とともに落ちる。花は10〜11月。雄花は枝に多数つき黄色い花粉を散らす。ヒマラヤ西部、アフガニスタン原産。

種鱗と種子。種鱗は大きく膜状の種子の翼も大きい

熟した毬果。種鱗の間から翼が見える

若い毬果。枝に直立してつきよく目立つ

マツ目

マツ目

イチイ　イチイ科 イチイ属　*Taxus cuspidata*

亜高山帯や寒冷地に生える常緑高木。種子は広卵形で長さ6mmほど。先がややとがる。種子は赤い杯状の仮種皮に包まれる。仮種皮は液質で甘く食べられるが、種子は有毒。花期は3〜4月。雌雄異株。種子は秋に熟す。寒い地方では生垣や庭木にされる。北海道〜九州に分布する。

仮種皮は壺状で開口部から種子が見える。円内は種子、へそは色が薄く、大きめ

赤い仮種皮はよく目立つ。オンコ、アララギともいう

カヤ　イチイ科 カヤ属　*Torreya nucifera*

山地に生える常緑高木。植栽もされる。種子は2〜2.5cmほどの長楕円形で繊維質の仮種皮（かしゅひ）に包まれる。仮種皮は成熟しても緑色で、縦に割れて種子ごと落ちる。種皮は褐色でかたい。種子から油をとり食用や灯火用に使われた。本州（宮城県以南）〜九州に分布する。

種皮を割った種子の中の胚乳　　仮種皮を割った中の種子

熟しても緑色のまま枝につく

ソテツ目

Cycas revoluta ソテツ科 ソテツ属 **ソテツ**

海岸の崖などに生える常緑低木で、雌雄異株。種子は広卵形で長さ4cmほど。果肉に似た朱赤色の外層で覆われる。中にはかたい中層があり、その中に種子本体がある。有毒だが水にさらして毒成分を抜き、救荒食にもされた。花期は8月。公園などに植えられ庭木にもされる。九州（南部）〜沖縄に分布する。

沖縄県西表島に自生するソテツ

種子の外層を剥くと中層、その中に種子本体がある

種子。茶色いものは枯れた大胞子葉。種子はこの柄につき秋に熟す

繊維が採れる種子

植物種子から採れる繊維といえば、木綿が最も有名で、また重要だ。木綿はアオイ科のワタ属植物の種子に生える毛を採取して紡いだもの。栽培種は世界で系統の異なる4種類があり、現在は南米原産の種類が最も広く栽培されている。日本のワタ（アジアワタ/ *Gossypium arboreum* var. *obtusifolium*）は平安時代に渡来し、室町時代以降に本格的に栽培されるようになった。ワタ以外では、同じアオイ科の樹木カポック（パンヤノキ/ *Ceiba pentandra*）の種子の毛から採れる繊維が知られている。この繊維は撥水性がとても高く、かつては救命胴衣の浮力材に使われていた。現在では主に廃油の吸収材などに利用されている。

ワタの果実（左手前）とカポックの果実。どちらも毛に覆われて種子が見えない

フィールドサインの中の種子

　草木の果実は鳥や動物など野生生物の重要な食料となります。彼らは果実を食べ、行った先々で糞をします。あるいは貯蔵するために運んで行きます。これは動けぬ植物にとって種子を散布してもらい分布を広げる手段といえます。食べられて糞の中にある種子、貯蔵されて忘れられた種子……フィールドサインといえば鳥や動物のもののようですが植物のものでもあるといえるでしょう。

動物の糞を検証中（写真上左）。同時計回りにテンの糞、リュウキュウマメガキ、ケンポナシの種子が見える。次は野鳥の糞に赤いヒメコウゾの果実、茶こしで洗う（同下）。左はテンの糞にケンポナシ、キブシの小さい種子。次はタヌキのタメ糞。大きい粒はムクノキの種子

動物の糞の中の種子

　野生動物の糞にはさまざまな植物の種子が見られる。それらは時季によっても変わり、春には春に熟す果実の種子、秋には秋に熟す果実の種子が見られる。そうした果実には甘くおいしいものも多い。しかし大方の果実がなくなる冬季は、味もないような果実の種子が見られる。それらは熟期をずらし栄養価を高めて、他の果実がなくなる頃まで出番を待つ。植物は、甘さや栄養価、目立つ色、熟期など、いろいろな戦略によって動物に果実を食べてもらい、種子を散布してもらっている。

タヌキの糞から出た種子。ギンナンと白いのはエノキ、上の黒い2個はケンポナシ

タメ糞は植物の苗床。タヌキは複数が同じ所に糞をする。そのタメ糞からさまざまな種子が発芽してまた森を作っていく。ギンナンから発芽したイチョウは小さいまま秋を迎えた（写真上右）

貯食される果実と食痕

　オニグルミやドングリ類、マツ類などの種子果実は栄養価がとても高く、リスやネズミの仲間の他、カケスやシジュウカラの仲間などが好んで食べる。森を歩けば、それらの食痕を見かけることも多い。また彼らはこれらの種子果実を大量に落ち葉の下などに貯蔵し冬の食料にする。そして忘れられ食べ残された種子果実は発芽、生長して、森林の更新に影響を与え、種子果実の年による豊凶は動物の数のバランスを保つ役割を持つ。食痕は、そんな植物と動物の密接な関係の証拠なのだ。

ケヤキの種子を食べるニホンリス（右上）
森のエビフライ。リスがマツボックリの鱗片を1つずつはがして種子を食べると出来上がる（右下）

森で見つけたクルミの殻はリスの食痕

こちらのクルミはネズミの仲間の食痕。こんなのもある

流れ着く種子 & 果実たち

　海岸、特に熱帯・亜熱帯域のマングローブに生育する植物の多くは、果実や種子に水に浮いたり海水が染み込みにくい仕組みが備わっていて、海流散布型の種子散布をおこないます。これらの果実や種子は長期間の漂流にも耐え、日本の海岸にも黒潮や対馬海流によって国内外から運ばれてきて打ち上げられます。それら漂着果実・種子の主なものを紹介しましょう。

サガリバナ
サガリバナ科サガリバナ属
Barringtonia racemosa
奄美大島以南に分布し、垂れ下がるように咲く美しい花でも知られる。果実は外果皮が剥けた状態で漂着する。

ゴバンノアシ
サガリバナ科サガリバナ属
Barringtonia asiatica
漂着する果実は大きくて目立つが、ほとんどが繊維質でできていて軽い。果実は四角形か、稀に五角形で、名前（碁盤の脚）も果実の形に由来する。

ゴバンノアシの花

ホウガンヒルギ
センダン科ホウガンヒルギ属
Xylocarpus granatum
大きな球形の果実の中に、複数の種子がパズルのように組み合わさって入っている。漂着する種子は壊れていることが多い。

ミフクラギ（右）
オオミフクラギ（左）
キョウチクトウ科ミフクラギ属
Cerbera manghas、オオミフクラギ / *C. odollam*
ミフクラギは別名オキナワキョウチクトウ。奄美大島以南に分布。果実は外果皮が剥けた状態で漂着する。稀に日本に分布しない近似種オオミフクラギも漂着する。

2cm

アダン

タコノキ科タコノキ属
Pandanus odoratissimus
南西諸島に分布。パイナップルのような果実（集合果）をつけ、オレンジ色に熟す。地面に落ちてバラバラになった果実が、波で流出して漂流する。

サキシマスオウノキ

アオイ科サキシマスオウノキ属
Heritiera littiralis
果実は楕円形で、片側に稜が発達する。そのままの形で漂着する。木は板根が発達することで有名。奄美大島以南に分布する。

サキシマスオウノキの板根

モモタマナ

シクンシ科モモタマナ属
Terminalia catappa
沖縄以南に分布。果実は厚いコルク質が剥き出しの状態で漂着する。本州でも漂着が比較的多い。種子の中身は食べられる。

モモタマナ果実の断面

ハスノハギリ

ハスノハギリ科ハスノハギリ属
Hernandia nymphaeaefolia
奄美大島以南に分布。果実（右）は多肉質の苞に包まれる。果皮の剥けた種子（中）はマメに似るが、へそがないので区別できる。

ニッパヤシ

ヤシ科ニッパヤシ属
Nypa fruticans
日本では八重山諸島の西表島にのみ生育地がある。果実はやや扁平で鈍い稜がある。

ココヤシ

ヤシ科ココヤシ属
Cocos nucifera
大昔から有用植物として栽培され、世界の熱帯、亜熱帯域に広く分布する。日本への漂着も多い。

※ハスノハギリ以外は共通

（カントンアブラギリ）

シナアブラギリ
トウダイグサ科アブラギリ属
Vernicia fordii
別名オオアブラギリ。アブラギリ（*V. cordata*）とともに、種子から油を採るためアジアで広く栽培され、日本でも野生化している。カントンアブラギリとされていたものは、本種の種子数が少ない果実に見られる形態バリエーション。

アブラギリ

パンギノキ
アカリア科パンギノキ属
Pangium edule
球形の大きな果実の中にこの種子が入っている。漂着は少ない。表面のしわが特徴。

ククイノキ
トウダイグサ科アレウリテス属
Aleurites moluccana
東南アジア原産で、種子から油を採るために栽培される。ハワイの州木で、種子は装飾品のレイにも使われる。

パプアアブラギリ
トウダイグサ科オンファレア属
Omphalea papuana
ニューギニアやオーストラリア北東部に分布。日本にはごく稀に漂着する。

ハテルマギリ
アカネ科ハテルマギリ属
Guettarda speciosa
宮古諸島以南に分布。果実は外果皮が剥けた状態で漂着する。内果皮は繊維質。

マリーズビーン
ヒルガオ科ツタノハヒルガオ属
Merremia discoidesperma
メキシコから中央アメリカ、カリブ諸島に分布し、日本への漂着は非常に稀。

テリハボク
テリハボク科テリハボク属
Calophyllum inophyllum
日本では沖縄、小笠原に分布。街路樹にも利用されている。

2cm

モダマの仲間

名前は、海岸に海藻とともに打ち上がることから、海藻の実と勘違いされ、「藻玉」と名づけられたもの。

マメ科モダマ属
A・B：モダマ / Entada tonkinensis
日本では屋久島と奄美大島に分布。ただしA（右上2つ）とBとでは、雰囲気に違いがある。
C：Entada gigas ?
通称シーハート。へそ部分で顕著に凹み、ハート形になる。主な分布域はアフリカ、中南米なので、日本への漂着は非常に稀。
D・E・F：アツミモダマ / Entada rheedii
通称、太っちょモダマ。しっかりと厚みがある。表面の質感の違うもの、赤みの強いものと黒いものがあり、複数種が混同されている可能性もある。
G：ヒメモダマ / Entada phaseoloides
日本では八重山諸島などに分布。中央部が高く、縁にエッジが立つ。長方形っぽいものもある。
H：コバモダマ /Entada parvifolia
通称チビモダマ、ドロップモダマ。典型は赤茶色で円形のタイプ。細いタイプや焦げ茶色タイプは精査が必要。

ムクナの仲間

マメ科ムクナ（トビカズラ）属
A：カショウクズマメ
Mucuna membranacea
日本では八重山諸島に分布。自生地近くの海岸にのみ漂着する。へそ部分は凸型。
B：ワニグチモダマ
Mucuna gigantea
へそ部分は浅い溝状。無地と豹柄の2タイプがある。
C：イルカンダ（ウジルカンダ）
Mucuna macrocarpa
円くて扁平。へそ部分は凸型。
D：マルミワニグチモダマ
Mucuna sloanei
通称ハンバーガービーン。丸みが強く、へそ部分が太くて黒い。表面は少しザラザラした手触り。似た種類が数種ある。

2cm

ジオクレアの仲間

マメ科ジオクレア属のマメで海外でシーパース（Sea Purse）と呼ばれる。種類は多いが日本では正確な同定はできていない。
A：*Dioclea wilsonii*？
B：不明種
C～F：扁平な形の不明種。Dは表面に樹枝状のしわがある。EはDに似ているが、へその合わせ目の色が違う。
G、H：不明種
I：不明種、通称ブラックジオクレア
J：不明種、通称ピンクジオクレアと呼ばれ、とても鮮やかな色彩。
K：不明種。形は球形に近く、へそ部分は太くて特徴的。豹柄。
L：*Dioclea reflexa*？

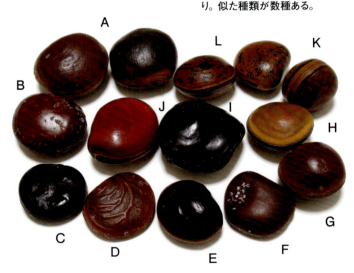

タイヘイヨウクルミ

マメ科タイヘイヨウクルミ属
Inocarupus fagiferus
クルミと名があってもマメの仲間。南太平洋に広く分布するが、日本への漂着はごく稀。中の子葉を食用にするため栽培される。

マメ科には多数の種類があり、まだ詳しく調べられていないものも多い。そのため漂着した種子だけで正確に種類を同定することは難しい。ただし、それをあれこれ調べるのも楽しみの1つだ。

ニッカーナッツの仲間

海外でニッカーナッツ（nickernut）と呼ばれているマメ科ジャケツイバラ属のマメ。
A：シロツブ？／*Caesalpinia bonduc*
種子はハスノミカズラによく似て見分けは難しいが、いびつな形のものが多い。
B：ハスノミカズラ？／*Caesalpinia major*
日本には主に本種が沖縄以南に分布。種子だけでシロツブと見分けるのは難しい。
C：不明種。やや大型。海外産？
D：不明種。顕著に細い形をしている。
E：不明種。この仲間では特に大型で、扁平になる。D、Eの漂着はごく稀。

その他の海豆

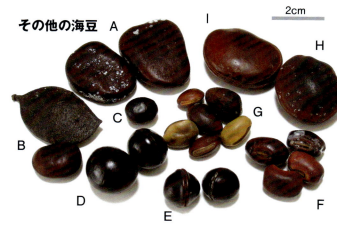

A：タシロマメ／*Intsia bijuga*
B：ナンテンカズラ *Caesalpinia crista*
C：ハカマカズラ *Bauhinia japonica*
D：*Strongylodon siderospearus*
E：*Oxyrhynchus trinervius*
F：デイゴ？ *Eythrina variegata*
ナタマメ類に似るがやや四角くへそ部分が少しへこむ。
G：ナタマメ類 *Canavalia* spp.
H・I：*Gigasiphon macrosiphon*？
ギガシフォン属の仲間と思われ、V字形の幅広いへそが特徴。

樹上で発芽する胎生種子

熱帯・亜熱帯域の海岸や汽水域に発達するマングローブを構成するヒルギ科植物では、胎生種子という特殊な果実が見られる。これは枝先についた果実の中で種子が発芽し、胚軸の部分が果実の外に突き出て太く長く伸びたもの。成熟すると花柄が切れて落下し、泥に刺さってその場で成長するか、あるいは水流に運ばれて離れた場所まで散布される。ヒルギ類は日本では南九州以南に3種類が分布している。

オヒルギ（*Bruguiera gymnorhiza*）の胎生種子。左の赤い部分は萼で、その内側部分に種子がある。緑の部分が長く伸びた胚軸で、先端には幼根がある

種子で遊ぼう！

　ドングリなど、身近な場所で手に入る種子果実は、昔から子供たちの遊び道具でした。時には童心に還って、親子一緒になって種子果実で遊んでみましょう。また、ちょっとしたアイデア次第でナチュラリストらしい楽しみ方もできるはずです。

ドングリの独楽(左)とやじろべえ(左下)作り方は簡単。独楽はキリを使ってドングリの尻に穴をあけ、適当な長さに切った楊枝を差し込み接着剤で固定する。やじろべえは、胴はドングリの側面に、重石はドングリの尻にキリで穴をあけ、差し込んだ木の枝や竹ひごは接着剤で固定する。
拾ったドングリには昆虫の幼虫が入っていることが多い。まず水に浮くものは捨て、保存する場合は蒸すか一度冷凍してから乾燥させるとよい。

ジュズダマを使った手作りアクセサリー（右）
種子や果実は自然の美しい光沢を持つものがあるので、工夫次第でネックレスやストラップなどの素材になる。また松かさやさまざまな種子果実を使ってクリスマスリース（右上）などを作ってみるのも楽しい。

種子や果実を使った民芸品や郷土玩具（左：オニグルミを使ったちびこけし、右：銀杏細工の鶴亀、中：ソテツを使ったキーホルダー）ちょっと懐かしい雰囲気のあるこうしたおもちゃを旅先で探し、コレクションしてみるのも楽しいだろう。

著者プロフィール

■ 著者

鈴木庸夫（すずき いさお）

植物写真家　1952年、東京生まれ。植物写真家の故冨成忠夫氏に師事。1991年に独立後、各地で精力的に撮影をおこない、多くの図鑑や雑誌に写真を提供している。著書は『改訂版 散歩で見かける草花・雑草図鑑』（創英社／三省堂書店）、『日本の野草300 冬春、夏秋』（文一総合出版）、『葉・実・樹皮で確実にわかる樹木図鑑』（日本文芸社）、『新ヤマケイポケットガイド庭の花』（山と渓谷社）、『花おりおり愛蔵版4、5』（共著／朝日新聞社）、『ネイチャーウォッチングガイドブック 樹皮と冬芽』（誠文堂新光社）など多数。ANTHO PHOTOS（アントフォト）主宰。http://anthois.a.la9.jp/anthois/

高橋 冬（たかはし ふゆ）

植物ライター　1952年、岩手県生まれ。大学卒業後、紙工作製作プロダクション勤務、出版編集やイラスト制作の仕事を経て、現在はアントフォトに勤務。また鈴木庸夫氏とともに図鑑制作などに携わり、『日本の野草300 冬春、夏秋』（文一総合出版）、『改訂版 散歩で見かける草花・雑草図鑑』（創英社／三省堂書店）、『ネイチャーウォッチングガイドブック 樹皮と冬芽』（誠文堂新光社）の図鑑解説の執筆を主に担当。普段は仕事の合間に身近な公園や野山で植物観察を続けている。

安延尚文（やすのぶ なおふみ）

フリーランス編集＆ライター　1965年、神奈川県生まれ。理科、自然科学専門の編集プロダクション勤務を経て独立。自然科学と動植物、アウトドア、スクーバダイビング、旅行関連の書籍や図鑑、雑誌記事の取材、編集、執筆を専門におこなっている。今回は企画・編集と一部執筆も担当。編集に携わった図鑑は多数。著書に『ボクのこときらい？カエルのきもち』『海色えんぴつ』（PHP出版）などがある。

■ 写真協力（敬称略）

小野広樹（ナナフシモドキ卵）、佐藤暁（ジュズダマのアクセサリー）、佐藤浩一（タヌキの溜め糞から発芽する植物）、高橋冬、安延尚文、高知県立牧野植物園（オオミヤシ）

■ 資料提供（敬称略）

飯塚千恵（ヒシ種子）、走川一郎（漂着種子）、竹内真治、濱　直大（ヒシ種子）、林　重雄（漂着種子）、福田史夫、藤田千代子、安延尚文、ジャムこばやし（外国産種子果実）、神代植物公園ガイドボランティアクラブ

■ 参考文献

『日本の野生植物 草本I〜III　同木本I〜II』『平凡社自然叢書21　種子はひろがる　種子散布の生態学』（平凡社）、『山渓ハンディ図鑑1 野に咲く花、同2 山に咲く花、同3〜5 樹に咲く花』（山と渓谷社）、『日本植物種子図鑑』（東北大学出版会）、『神奈川県植物誌2001』（神奈川県立生命の星・地球博物館）、『写真で見るたねの旅立ち』（文一総合出版）、『種子散布 鳥が運ぶ種子 動物たちがつくる森』（築地書館）他

コラムクイズの答え

● 11ページ野菜の種子果実

ジャガイモ（*Solanum tuberosum*）の果実。ジャガイモはナス科ナス属で、果実はトマトに似ている

● 65ページの答え

正解はCで、ブラシノキの一種（*Callistemon* sp.）の果実

A：エゴの新芽にアブラムシの一種が寄生してできた虫こぶ。その形から別名はエゴノネコアシ

B：オニユリのむかご（栄養繁殖器官）

● 154ページの答え

正解はBで、ウシハコベの種子

A：昆虫（ナナフシモドキ）の卵。ナナフシ類の卵は植物種子によく似ている

C：昆虫の幼虫（イモムシなど）の糞

INDEX 和名

ア

アオイゴケ	58
アオイスミレ	209
アオキ	92
アオギリ	137
アオダモ	83
アオツヅラフジ	221
アオハダ	58
アカガシ	160
アカザ	115
アカシデ	156
アカツメクサ	197
アカネ	90
アカバナ	152
アカミヤドリギ	123
アカマツ	275
アカメガシワ	214
アキカラマツ	225
アキグミ	171
アキニレ	192
アキノキリンソウ	36
アキノタムラソウ	69
アキノノゲシ	47
アケビ	220
アケボノスギ	274
アケボノソウ	89
アサガオ	60
アサダ	155
アシ	241
アシタバ	30
アズキナシ	190
アズマシロカネソウ	228
アゼナ	80
アセビ	93
アダン	283
アツミモダマ	285
アブラギリ	284
アブラチャン	264
アフリカホウセンカ	16
アベマキ	162
アマチャヅル	167
アマドコロ	253
アメリカイヌホオズキ	61
アメリカセンダングサ	46
アメリカチョウセンアサガオ	63
アメリカフウロ	154
アメリカヤマゴボウ	118
アヤメ	256
アラカシ	160
アリアケスミレ	209
アリタソウ	115
アルソミトラ	9
アレチウリ	167
アレチギシギシ	119
アレチヌスビトハギ	199
アワブキ	218
イイギリ	211
イガオナモミ	45

イグサ	233
イケマ	87
イシミカワ	122
イソギク	40
イソノキ	175
イタチハギ	196
イタドリ	122
イタヤカエデ	147
イチイ	278
イチヤクソウ	95
イチョウ	271
イナモリソウ	91
イヌアワ	239
イヌガラシ	131
イヌコウジュ	68
イヌコリヤナギ	210
イヌザクラ	185
イヌザンショウ	142
イヌシデ	156
イヌショウマ	229
イヌタデ	120
イヌツゲ	58
イヌナズナ	132
イヌビエ	236
イヌビユ	116
イヌビワ	173
イヌブナ	159
イヌホオズキ	61
イヌマキ	272
イネ	14、238
イノコズチ	115
イボタノキ	82
イボビシ	151
イルカンダ	286
イロハモミジ	146
イワタバコ	79
イワダレソウ	76
イワニガナ	51
イワボタン	127
ウグイスカグラ	23
ウシハコベ	114
ウスノキ	93
ウダイカンバ	157
ウツギ	109
ウツボグサ	69
ウド	32
ウバメガシ	161
ウバユリ	248
ウマノアシガタ	230
ウマノスズクサ	268
ウマノミツバ	27
ウメバチソウ	217
ウメモドキ	57
ウラシマソウ	261
ウラジロガシ	161
ウラジロチチコグサ	39
ウラジロノキ	190
ウリクサ	80
ウリノキ	108
ウリハダカエデ	147
ウワミズザクラ	185
ウンカリーナ	6

青文字の種名は別名。黒字のページが本ページ。

エイザンスミレ	209	オヒルギ	287
エゴノキ	101	オヘビイチゴ	179
エゴマ	207	オマツ	275
エゾアジサイ	111	オミナエシ	22
エゾエノキ	170	オモダカ	260
エゾノギシギシ	119	オモト	251
エノキ	170	オヤブジラミ	28
エノキグサ	214	オランダイチゴ	175
エノコログサ	239	オランダガラシ	132
エビガライチゴ	177	オランダミミナグサ	113
エビヅル	130		
エビネ	258		
エンジュ	17、201	**カ**	
エンレイソウ	250	カエデドコロ	244
オオアブラギリ	284	ガガイモ	86
オオアラセイトウ	134	カカオ	6
オオイタドリ	122	カキツバタ	256
オオイヌノフグリ	78	カキドオシ	70
オオウバユリ	248	ガクウツギ	111
オオウラジロノキ	188	カクレミノ	33
オオオナモミ	45	カジノキ	173
オオカサモチ	29	カショウクズマメ	286
オオカメノキ	25	カシワ	162
オオカワヂシャ	78	カスマグサ	194
オオジシバリ	51	カタクリ	247
オオシマザクラ	187	カタバミ	16、206
オオズミ	188	カツラ	124
オオチドメ	33	カテンソウ	193
オオツヅラフジ	221	カナウツギ	183
オオニシキソウ	213	カナムグラ	169
オオバアサガラ	101	カナメモチ	189
オオバウマノスズクサ	268	カポック	279
オオバキハダ	141	ガマ	242
オオバグミ	171	ガマズミ	26
オオバコ	18、77	カマツカ	189
オオバタンキリマメ	202	カミエビ	221
オオハマボウ	136	カヤ	278
オオバヤシャブシ	158、217	カヤツリグサ	235
オオブタクサ	44	カヤラン	259
オオミフクラギ	282	カラスウリ	168
オオミヤシ	7	カラスザンショウ	143
オオモミジ	148	カラスノエンドウ	16、194
オガタマノキ	265	カラスノゴマ	138
オカトラノオ	99	カラスムギ	237
オギ	241	カラハナソウ	169
オキナグサ	227	カラマツ	277
オキナワウラジロガシ	161	カラマツソウ	225
オケラ	53	カラムシ	193
オシロイバナ	118	カリガネソウ	73
オトギリソウ	207	カロリナポプラ	211
オトコエシ	22	カワラケツメイ	205
オトコヨウゾメ	25	カワラナデシコ	112
オドリコソウ	72	カンアオイ	269
オナモミ	18	カンスゲ	234
オニグルミ	20、164	カントウタンポポ	50
オニシバリ	135	カントンアブラギリ	284
オニタビラコ	48	キカシグサ	150
オニドコロ	244	キカラスウリ	168
オニノゲシ	49	キキョウ	56
オニノヤガラ	259	キキョウソウ	55
オヒシバ	236	キケマン	224
オヒョウ	192	キササゲ	80

キジカクシ……………………………… 254
ギシギシ………………………………… 119
キジムシロ……………………………… 178
キジョラン………………………………… 87
キチジョウソウ………………………… 250
キッコウハグマ…………………………… 35
キヅタ……………………………………… 31
キツネノボタン………………………… 230
キツネノマゴ……………………………… 79
キツリフネ……………………………… 106
キハギ…………………………………… 198
キハダ…………………………………… 141
キバナツノゴマ…………………………… 6
キバナツメクサ………………………… 197
キブシ…………………………………… 148
キュウリグサ……………………………… 84
キョウチクトウ…………………………… 85
キランソウ………………………………… 73
キリ………………………………………… 65
キンミズヒキ…………………………… 181
ギンリョウソウ…………………………… 96
ギンリョウソウモドキ…………………… 96
ギンレイカ………………………………… 98
ククイノキ……………………………… 284
クコ………………………………………… 63
クサイチゴ……………………………… 176
クサギ……………………………………… 74
クサトベラ………………………………… 56
クサネム………………………………… 196
クサノオウ……………………………… 223
クサボケ………………………………… 188
クサボタン……………………………… 226
クズ……………………………………… 203
クスノキ………………………………… 262
クチナシ…………………………………… 90
クヌギ………………………………… 16、162
クマイチゴ……………………………… 176
クマシデ………………………………… 156
クマノミズキ…………………………… 107
クマヤナギ……………………………… 174
クリンソウ………………………………… 98
クルマバザクロソウ…………………… 117
クロウメモドキ………………………… 175
クロヅル………………………………… 215
クロマツ………………………………… 8、275
クロモジ………………………………… 265
クワ……………………………………… 172
クワクサ………………………………… 172
グンバイヒルガオ…………………… 20、60
ケキツネノボタン……………………… 230
ケヤキ…………………………………… 191
ゲンゲ…………………………………… 200
ゲンノショウコ………………………… 154
ケンポナシ……………………………… 174
コアジサイ……………………………… 111
コウゾリナ………………………………… 48
コウボウシバ…………………………… 233
コウボウムギ…………………………… 233
コウホネ………………………………… 271
コウヤボウキ……………………………… 35
コウヤマキ……………………………… 274
コオニタビラコ…………………………… 47

コオニビシ……………………………… 151
コガマ…………………………………… 242
コガンピ………………………………… 135
ゴキヅル………………………………… 167
コクサギ………………………………… 141
コゴメウツギ…………………………… 183
ココヤシ……………………………… 243、283
コシアブラ………………………………… 31
コスミレ…………………………………… 17
コセンダングサ…………………………… 46
コチャルメルソウ…………………… 20、128
コトリトマラズ………………………… 222
コナギ…………………………………… 232
コナスビ…………………………………… 98
コナラ…………………………………… 163
コニシキソウ…………………………… 213
コバギボウシ…………………………… 251
コハコベ………………………………… 114
コバノカモメヅル………………………… 87
コバモダマ……………………………… 285
コバンソウ……………………………… 237
ゴバンノアシ…………………………… 282
コヒルガオ………………………………… 59
コブシ…………………………………… 266
コマツナギ……………………………… 200
コマツヨイグサ………………………… 153
ゴマナ……………………………………… 38
コミカンソウ…………………………… 211
コムラサキ………………………………… 75
コメツブツメクサ……………………… 197
コメナモミ…………………………… 18、43
ゴンズイ………………………………… 149

サ

サイカチ………………………………… 205
サカキ…………………………………… 103
サガリバナ……………………………… 282
サギゴケ…………………………………… 67
サキシマスオウノキ…………………… 283
ザクロソウ……………………………… 117
サザンカ………………………………… 102
サネカズラ……………………………… 270
サラシナショウマ……………………… 229
サルスベリ……………………………… 150
サルトリイバラ………………………… 245
サルナシ………………………………… 105
サルマメ………………………………… 246
サワグルミ……………………………… 165
サワシバ………………………………… 155
サワフタギ……………………………… 100
サワラ…………………………………… 272
サンガイグサ……………………………… 72
サンカクイ……………………………… 235
サンカクヅル…………………………… 130
サンゴジュ………………………………… 26
サンシュユ……………………………… 107
サンショウ……………………………… 142
ジェフリーパイン………………………… 8
シオデ…………………………………… 245
シキミ…………………………………… 270
シシウド…………………………………… 30

ジシバリ	51	ソテツ	279
シナアブラギリ	284	ソメイヨシノ	186
シナイボタ	82	ソヨゴ	57
シナノキ	138		
シマスズメノヒエ	239	**タ**	
シモツケ	184		
シモバシラ	70	タイアザミ	52
シャクジョウソウ	96	ダイコンソウ	181
ジャケツイバラ	205	タイサンボク	267
ジャコウソウ	71	タイヘイヨウクルミ	286
ジャノヒゲ	252	タウコギ	46
シャリンバイ	189	タカオモミジ	146
シュウカイドウ	169	タカサブロウ	45
ジュウニヒトエ	73	タカネザクラ	187
シュガーパイン	8	ダケカンバ	157
ジュズダマ	238	タケシマラン	248
シュロ	17、243	タケニグサ	223
シュンラン	257	タコノアシ	126
ショウジョウバカマ	249	タコボウ	152
ショカツサイ	134	タシロマメ	287
シラカシ	160	タチイヌノフグリ	78
シラカンバ	157	タチツボスミレ	208
シラキ	214	タチバナモドキ	191
シラネセンキュウ	29	タツナミソウ	71
シラビソ	276	タニウツギ	24
シラン	258	タネツケバナ	133
シロダモ	263	タブノキ	263
シロツプ	287	タマアジサイ	110
シロツメクサ	197	タマガヤツリ	234
シロバナタンポポ	50	タマスダレ	255
ジロボウエンゴサク	223	タムシバ	266
シロヤマブキ	182	タムラソウ	53
シンジュ	144	タラノキ	32
シンテッポウユリ	246	タンキリマメ	202
スイカズラ	23	ダンコウバイ	264
スイバ	119	ダンドク	242
スカシタゴボウ	131	ダンドボロギク	41
スギ	273	チガヤ	238
ススキ	241	チカラシバ	240
スズメウリ	168	チチコグサ	39
スズメノエンドウ	194	チチコグサモドキ	39
スズメノカタビラ	237	チヂミザサ	240
スズメノヤリ	233	チドメグサ	33
スダジイ	159	チドリノキ	147
ズダヤクシュ	128	チャノキ	102
スベリヒユ	117	チャンチン	140
ズミ	188	チョウジソウ	85
スミレ	208	チョウジタデ	152
セイタカアワダチソウ	36	チョウセンアサガオ	63
セイヨウアブラナ	131	チョウセンゴミシ	271
セイヨウタンポポ	50	ツクバネ	19
セキショウ	260	ツタ	129
ゼニアオイ	137	ツチアケビ	259
セリバオウレン	230	ツヅラフジ	221
セリバヒエンソウ	231	ツノハシバミ	155
センダン	140	ツボスミレ	208
セントウソウ	27	ツメクサ	113
センニンソウ	227	ツユクサ	232
センブリ	89	ツリガネニンジン	55
センボンヤリ	35	ツリバナ	216
センリョウ	269	ツリフネソウ	106
ソシンロウバイ	261	ツルウメモドキ	217

ツルカノコソウ	23
ツルナ	123
ツルニンジン	54
ツルボ	251
ツルマサキ	216
ツルマメ	204
ツルリンドウ	89
ツワブキ	42
テイカカズラ	86
デイゴ	287
テリハノイバラ	180
テリハボク	284
ドイツトウヒ	276
トウオオバコ	77
トウカエデ	147
トウコマツナギ	200
トウジュロ	243
トウダイグサ	212
ドウダンツツジ	94
トウネズミモチ	81
トウバナ	70
トキリマメ	202
トキワイカリソウ	221
トキワサンザシ	191
トキワハゼ	67
ドクウツギ	166
ドクダミ	268
トチノキ	144
トネアザミ	52
トベラ	34
トモエソウ	207

ナ

ナガミヒナゲシ	225
ナギ	272
ナギナタコウジュ	68
ナズナ	133
ナタマメ	287
ナツグミ	171
ナツツバキ	103
ナツトウダイ	212
ナツボウズ	135
ナツメヤシ	243
ナナカマド	190
ナヨクサフジ	195
ナルコユリ	253
ナンキンハゼ	212
ナンテン	222
ナンテンカズラ	287
ナンテンハギ	195
ナンバンギセル	66
ナンバンハコベ	112
ニガイチゴ	177
ニガナ	51
ニシキギ	215
ニセアカシア	201
ニッパヤシ	283
ニリンソウ	226
ニワウルシ	144
ニワゼキショウ	257
ニワトコ	24

ヌスビトハギ	199
ヌマスギ	273
ヌマトラノオ	99
ヌルデ	139
ネコノシタ	44
ネコノメソウ	127
ネコヤナギ	210
ネジバナ	258
ネズミモチ	81
ネナシカズラ	59
ネバリノギラン	245
ネムノキ	204
ノアザミ	52
ノイバラ	180
ノウルシ	213
ノカンゾウ	254
ノグルミ	165
ノゲシ	49
ノコンギク	37
ノササゲ	202
ノシラン	252
ノダフジ	203
ノチドメ	33
ノハナショウブ	256
ノハラアザミ	52
ノブキ	36
ノブドウ	129
ノボロギク	42
ノミノツヅリ	113
ノミノフスマ	114
ノリウツギ	109

ハ

バアソブ	54
バイケイソウ	250
ハイマツ	274
ハウチワカエデ	146
ハエドクソウ	67
バオバブ	7
ハカマカズラ	287
ハキダメギク	43
ハクウンボク	101
バクチノキ	185
ハクモクレン	266
ハコネウツギ	24
ハシリドコロ	64
ハス	219
ハスノハカギリ	283
ハスノミカズラ	287
ハゼノキ	139
ハゼラン	117
ハダカホオズキ	64
ハチジョウナ	49
バッコヤナギ	210
ハテルマギリ	284
ハナイカダ	56
ハナイバナ	84
ハナウド	29
ハナダイコン	134
ハナタデ	120
ハナヒリノキ	93

ハナミズキ	108
ハネカワ	155
ハハコグサ	39
パプアアブラギリ	284
ハマオモト	255
ハマカンゾウ	254
ハマグルマ	44
ハマゴウ	74
ハマスゲ	234
ハマダイコン	20、134
ハマナス	180
ハマナタマメ	204
ハマナデシコ	112
ハマヒサカキ	104
ハマヒルガオ	59
ハマビワ	262
ハマボウ	136
ハマボッス	99
ハマユウ	255
ハリエンジュ	201
ハリギリ	32
ハルジオン	38
ハルニレ	192
ハルノノゲシ	49
パンギノキ	284
バンクシア	7
ハンショウヅル	226
ハンノキ	158
ヒオウギ	257
ヒガンバナ	14
ヒサカキ	104
ヒシ	151
ヒノキ	273
ヒマラヤスギ	277
ヒメウズ	229
ヒメオドリコソウ	72
ヒメガマ	242
ヒメクグ	234
ヒメグルミ	164
ヒメコウゾ	173
ヒメジソ	68
ヒメシャラ	103
ヒメジョオン	38
ヒメツルソバ	121
ヒメハギ	206
ヒメビシ	151
ヒメヘビイチゴ	178
ヒメモダマ	285
ヒメレンゲ	126
ヒヨドリジョウゴ	62
ビロードモウズイカ	79
ヒロハホウキギク	37
フウ	125
フェンネル	30
フキ	42
フクジュソウ	228
フサザクラ	219
フジ	203
フジアザミ	53
ブタクサ	44
フタバガキ	9
フタリシズカ	269

フデリンドウ	88
ブナ	159
フユイチゴ	177
フユザンショウ	143
フヨウ	136
ヘクソカズラ	91
ヘニヅル	215
ベニバナイチヤクソウ	95
ベニバナボロギク	41
ベニバナヤマシャクヤク	124
ヘビイチゴ	179
ヘラオオバコ	77
ホウガンヒルギ	282
ホウチャクソウ	249
ホオズキ	64
ホオノキ	267
ホザキヤドリギ	17
ホソアオゲイトウ	116
ホソバウンラン	76
ホタルブクロ	54
ボタンヅル	227
ホトケノザ	72
ホトトギス	247
ホナガイヌビユ	116
ボントクタデ	120

マ

マイヅルソウ	253
マグワ	172
マサキ	216
マタタビ	105
マツカゼソウ	141
マツバウンラン	76
マツブサ	270
マツムシソウ	22
マツヨイグサ	153
マテバシイ	163
ママコノシリヌグイ	121
マメガキ	100
マメグンバイナズナ	132
マユミ	215
マリーズビーン	284
マルバアサガオ	60
マルバウツギ	109
マルバグミ	171
マルバスミレ	209
マルバチシャノキ	83
マルバノホロシ	62
マルバフジバカマ	41
マルミノヤマゴボウ	118
マルミワニグチモダマ	286
マンサク	125
マンリョウ	97
ミズキ	107
ミズナラ	163
ミズバショウ	260
ミズヒキ	121
ミズメ	158
ミゾコウジュ	69
ミゾソバ	121
ミソハギ	150

ミツバ	27	ヤブツバキ	102
ミツバアケビ	220	ヤブデマリ	25
ミツバウツギ	149	ヤブニッケイ	262
ミツモトソウ	178	ヤブニンジン	18、28
ミドリハコベ	114	ヤブヘビイチゴ	179
ミネザクラ	187	ヤブマオ	193
ミノカブリ	155	ヤブマメ	195
ミフクラギ	20、282	ヤブミョウガ	232
ミミガタテンナンショウ	261	ヤブムラサキ	75
ミミナグサ	113	ヤブラン	252
ミヤギノハギ	198	ヤマアジサイ	110
ミヤコグサ	196	ヤマウコギ	31
ミヤマキケマン	224	ヤマウルシ	139
ミヤマザクラ	187	ヤマオダマキ	228
ミヤマシキミ	143	ヤマグワ	172
ミヤマタゴボウ	98	ヤマコウバシ	264
ミヤマハハソ	219	ヤマザクラ	186
ムクゲ	136	ヤマツツジ	94
ムクノキ	170	ヤマトリカブト	231
ムクロジ	145	ヤマネコノメソウ	127
ムシカリ	25	ヤマネコヤナギ	210
ムシトリナデシコ	112	ヤマノイモ	244
ムベ	220	ヤマハギ	198
ムラサキケマン	224	ヤマブキ	182
ムラサキサギゴケ	67	ヤマブドウ	130
ムラサキシキブ	75	ヤマボウシ	108
ムラサキツメクサ	197	ヤマホロシ	62
メギ	222	ヤマモミジ	148
メタセコイア	274	ヤマモモ	166
メマツ	275	ヤマユリ	246
メドハギ	199	ヤマラッキョウ	255
メハジキ	71	ヤマルリソウ	84
メヒシバ	236	ユウガギク	37
メマツヨイグサ	153	ユーカリ	7
メヤブマオ	193	ユウゲショウ	152
メリケンカルカヤ	240	ユキノシタ	128
モジズリ	258	ユキヤナギ	184
モダマ	285	ユズリハ	124
モチノキ	57	ユリノキ	267
モッコク	104	ヨウシュヤマゴボウ	118
モミ	276	ヨーロッパキイチゴ	177
モミジイチゴ	176	ヨコグラノキ	174
モミジバスズカケノキ	218	ヨシ	241
モミジバフウ	125	ヨモギ	40
モモタマナ	283	ヨルガオ	60
モンパノキ	83	ラクウショウ	273

ヤ・ラ・ワ

		ラセイタソウ	193
ヤエムグラ	91	リュウキュウマメガキ	100
ヤクシソウ	48	リュウノウギク	40
ヤセウツボ	19、66	リョウブ	92
ヤッコソウ	106	リンドウ	88
ヤツデ	34	ルイヨウボタン	222
ヤドリギ	123	レンゲツツジ	94
ヤナギタデ	120	レンゲソウ	200
ヤナギラン	151	ワタ	279
ヤハズエンドウ	194	ワタスゲ	235
ヤブコウジ	97	ワニグチモダマ	286
ヤブジラミ	28	ワルナスビ	61
ヤブタバコ	43	ワレモコウ	181
ヤブタビラコ	47		

INDEX 学名

A

Abies firma	276
Abies veitchii	276
Acalypha australis	214
Acer amoenum	148
Acer amoenum var. matsumurae	148
Acer buergerianum	147
Acer carpinifolium	147
Acer rufinerve	147
Acer japonicum	146
Acer palmatum	146
Acer pictum	147
Achyranthes bidentata var. japonica	115
Aconitum japonicum ssp. japonicum	231
Acorus gramineus	260
Actinidia arguta	105
Actinidia polygama	105
Actinostemma tenerum	167
Adenocaulon himalaicum	36
Adenophora triphylla var. japonica	55
Adonis ramosa	228
Aeginetia indica	66
Aeschynomene indica	196
Aesculus turbinata	144
Ageratina altissima	41
Agrimonia pilosa var. viscidula	181
Ailanthus altissima	144
Ainsliaea apiculata	35
Ajuga decumbens	73
Ajuga nipponensis	73
Akebia quinata	220
Akebia trifoliata	220
Alangium platanifolium var. trilobatum	108
Albizia julibrissin	204
Aletris foliata	245
Aleurites moluccana	284
Allium pseudoiaponicum	255
Allium thunbergii	255
Alnus japonica	158
Alnus sieboldiana	158
Amaranthus blitum	116
Amaranthus hybridus	116
Amaranthus viridis	116
Ambrosia artemisiifolia	44
Ambrosia trifida	44
Amorpha fruticosa	196
Ampelopsis glandulosa var. heterophylla	129
Amphicarpaea bracteata ssp. edgeworthii var. japonica	195
Amsonia elliptica	85
Andropogon virginicus	240
Anemone flaccida	226
Angelica keiskei	30
Angelica polymorpha	29
Angelica pubescens	30
Aphananthe aspera	170
Aquilegia buergeriana var. buergeriana	228
Aralia cordata	32
Aralia elata	32

Ardisia crenata	97
Ardisia japonica	97
Arenaria serpyllifolia	113
Aria alnifolia	190
Aria japonica	190
Arisaema limbatum	261
Arisaema thunbergii ssp. urashima	261
Aristolochia debilis	268
Aristolochia kaempferi	268
Artemisia indica	40
Asarum nipponicum var. nipponicum	269
Asparagus schoberioides	254
Aster glehnii var. hondoensis	38
Aster iinumae	37
Aster microcephalus var. ovatus	37
Aster subulatus var. sandwicensis	37
Astragalus sinicus	200
Atractylodes ovata	53
Aucuba japonica var. japonica	92
Avena fatua	237

B

Barnardia japonica	251
Barringtonia asiatica	282
Barringtonia racemosa	282
Bauhinia japonica	287
Begonia grandis	169
Berberis thunbergii	222
Berchemia racemosa	174
Berchemiella berchemiifolia	174
Betula ermanii	157
Betula grossa	158
Betula maximowicziana	157
Betula platyphylla	157
Bidens frondosa	46
Bidens pilosa	46
Bidens tripartita	46
Bletilla striata	258
Boehmeria biloba	193
Boehmeria japnica var. longispica	193
Boehmeria nivea var. concolor f. nipononivea	193
Boehmeria platanifolia	193
Boenninghausenia albiflora var. japonica	141
Bothriospermum zeylanicum	84
Brassica napus	131
Briza maxima	237
Broussonetia kazinoki	173
Broussonetia papyrifera	173
Bruguiera gymnorhiza	287

C

Caesalpinia bonduc	287
Caesalpinia crista	287
Caesalpinia decapetala var. japonica	205
Caesalpinia major	287

297

Calanthe discolor	258
Callicarpa dichotoma	75
Callicarpa japonica	75
Callicarpa mollis	75
Calophyllum inophyllum	284
Calystegia hederacea	59
Calystegia soldanella	59
Camellia japonica	102
Camellia sasanqua	102
Camellia sinensis	102
Campanula punctata var. *punctata*	54
Canavalia lineata	204
Canna indica	242
Capsella bursa-pastoris	133
Cardamine dabilis	133
Cardamine scutata	133
Cardiocrinum cordatum	248
Cardiocrinum cordatum var. *glehnii*	248
Carex kobomugi	233
Carex morrowii	234
Carex pumila	233
Carpesium abrotanoides	43
Carpinus cordata	155
Carpinus japonica	156
Carpinus laxiflora	156
Carpinus tschonoskii	156
Castanopsis sieboldii	159
Catalpa ovata	80
Caulophyllum robustum	222
Cedrus deodara	277
Ceiba pertandra	279
Celastrus orbiculatus var. *orbiculatus*	217
Celtis jessoensis	170
Celtis sinensis	170
Cerastium fontanum ssp. *vulgare* var.	
angustifolium	113
Cerastium glomeratum	113
Cerasus jamasakura	186
Cerasus maximowiczii	187
Cerasus nipponica var. *nipponica*	187
Cerasus speciosa	187
Cerasus x yedoensis	186
Cerbera manghas	282
Cerbera odollam	282
Cercidiphyllum japonicum	124
Chaenomeles japonica	188
Chamaecrista nomame	205
Chamaecyparis obtusa	273
Chamaecyparis pisifera	272
Chamaele decumbens	27
Chamerion angustifolium	151
Chelidonium majus ssp. *asiaticum*	223
Chelonopsis moschata	71
Chenopodium album var. *centrorubrum*	115
Chenopodium ambrosioides	115
Chimonanthus praecox	261
Chimonanthus praecox f. *concolor*	261
Chloranthus serratus	269
Chrysanthemum makinoi	40
Chrysanthemum pacificum	40
Chrysosplenium grayanum	127
Chrysosplenium japonicum	127
Chrysosplenium macrostemon var.	

macrostemon	127
Cimicifuga biternata	229
Cimicifuga simplex	229
Cinnamomum camphora	262
Cinnamomum tenuifolium	262
Cirsium japonicum	52
Cirsium nipponicum var. *incomptum*	52
Cirsium oligophyllum	52
Cirsium purpuratum	53
Clematis apiifolia	227
Clematis japonica	226
Clematis stans	226
Clematis terniflora	227
Clerodendrum trichotomum	74
Clethra barbinervis	92
Cleyera japonica	103
Clinopodium gracile	70
Cocculus trilobus	221
Cocos nucifera	283
Codonopsis lanceolata	54
Codonopsis ussuriensis	54
Coix lacryma-jobi	238
Collinsonia japonica	70
Commelina communis	232
Conandron ramondioides	79
Coptis japonica var. *major*	230
Corchoropsis crenata	138
Coriaria japonica	166
Cornus controversa	107
Cornus florida	108
Cornus kousa ssp. *kousa*	108
Cornus macrophylla	107
Cornus officinalis	107
Corydalis decumbens	223
Corydalis heterocarpa var. *heterocarpa*	224
Corydalis heterocarpa var. *japonica*	224
Corydalis incisa	224
Corydalis pallida var. *tenuis*	224
Corylus sieboldiana var. *sieboldiana*	155
Crassocephalum crepidioides	41
Crepidiastrum denticulatum	48
Crinum asiaticum var. *japonicum*	255
Cryptomeria japonica	273
Cryptotaenia canadensis ssp. *japonica*	27
Cuscuta japonica	59
Cycas revoluta	279
Cymbidium goeringii	257
Cynanchum caudatum	87
Cyperus brevifolius var. *leiolepis*	234
Cyperus difformis	234
Cyperus microiria	235
Cyperus rotundus	234
Cyrtosia sepatentrionalis	259

D

Daphne pseudomezereum	135
Daphniphyllum macropodum	124
Datura metel	63
Datura wrightii	63
Delphinium anthriscifolium	231
Dendropanax trifidus	33
Desmodium paniculatum	199

Desmodium podocarpum ssp. *oxyphyllum* var. *japonicum* 199
Deutzia crenata 109
Deutzia scabra 109
Dianthus japonicus 112
Dianthus superbus var. *longicalycinus* 112
Dichocarpum nipponicum 228
Dichondra micrantha 58
Digitaria ciliaris 236
Dioclea reflexa 286
Dioclea wilsonii 286
Dioscorea japonica 244
Dioscorea quinquelobata 244
Dioscorea tokoro 244
Diospyros japonica 100
Diospyros lotus 100
Diplomorpha ganpi 135
Disporum sessile 249
Draba nemorosa 132
Dumasia truncata 202

E

Echinochloa crus-galli var. *crus-galli* 236
Eclipta thermalis 45
Ehretia dicksonii 83
Elaeagnus macrophylla 171
Elaeagnus multiflora 171
Elaeagnus umbellata 171
Eleusine indica 236
Eleutherococcus sciadophylloides 31
Eleutherococcus spinosus 31
Elsholtzia ciliata 68
Enkianthus perulatus 94
Entada gigas 285
Entada parvifolia 285
Entada phaseoloides 285
Entada rheedii 285
Entada tonkinensis 285
Epilobium pyrricholophum 152
Epimedium sempervirens 221
Erechtites hieraciifolius 41
Erigeron annuus 38
Erigeron philadelphicus 38
Eriophorum vaginatum ssp. *fauriei* 235
Erythrina variegata 287
Erythronium japonicum 247
Eubotryoides grayana var. *grayana* 93
Euonymus alatus f.*alatus* 215
Euonymus fortunei 216
Euonymus japonicus 216
Euonymus oxyphyllus 216
Euonymus sieboldianus 215
Euphorbia adenochlora 213
Euphorbia helioscopia 212
Euphorbia maculata 213
Euphorbia nutans 213
Euphorbia sieboldiana 212
Euptelea polyandra 219
Eurya emarginata 104
Eurya japonica var. *japonica* 104
Euscaphis japonica 149

F

Fagus crenata 159
Fagus japonica 159
Fallopia japonica var. *japonica* 122
Fallopia sachalinensis 122
Farfugium japonicum 42
Fatoua villosa 172
Fatsia japonica 34
Ficus erecta var. *erecta* 173
Firmiana simplex 137
Foeniculum vulgare 30
Fragaria x ananassa 175
Frangula crenata 175
Fraxinus lanuginosa f. *serrata* 83

G

Galinsoga quadriradiata 43
Galium spurium var. *echinospermon* 91
Gamochaeta coarctata 39
Gamochaeta pensylvanica 39
Gardenia jasminoides 90
Gastrodia elata 259
Gentiana scabra var. *buergeri* 88
Gentiana zollingeri 88
Geranium carolinianum 154
Geranium thunbergii 154
Geum japonicum 181
Gigasiphon macrosiphon 287
Ginkgo biloba 271
Glechoma hederacea ssp. *grandis* 70
Gleditsia japonica 205
Glycine max ssp. *soja* 204
Gnaphalium affine 39
Gnaphalium japonicum 39
Gossypium arboreum var. *obtusifolium* 279
Guettarda speciosa 284
Gynostemma pentaphyllum 167

H

Hamamelis japonica 125
Hedera rhombea 31
Heliotropium foertherianum 83
Helonias orientalis 249
Helwingia japonica 56
Hemerocallis fulva var. *disticha* 254
Hemerocallis fulva var. *kwanso* 254
Hemerocallis fulva var. *littorea* 254
Heracleum sphondylium var. *nipponicum* 29
Heritiera littiralis 283
Hernandia nymphaeaefolia 283
Hibiscus hamabo 136
Hibiscus mutabilis 136
Hibiscus syriacus 136
Hibiscus tiliaceus 136
Hosta sieboldii 251
Houttuynia cordata 268
Hovenia dulcis 174
Humulus lupulus var. *cordifolius* 169
Humulus scandens 169
Hydrangea hirta 111

Hydrangea involucrata	110
Hydrangea paniculata	109
Hydrangea scandens	111
Hydrangea serrata var. serrata	110
Hydrangea serrata var. yesoensis	111
Hydrocotyle maritima	33
Hydrocotyle ramiflora	33
Hydrocotyle sibthorpioides	33
Hypericum ascyron ssp. ascyron var. ascyron	207
Hypericum erectum	207

I

Idesia polycarpa	211
Ilex crenata var. crenata	58
Ilex integra	57
Ilex macropoda	58
Ilex pedunculosa	57
Ilex serrata	57
Illicium anisatum	270
Impatiens noli-tangere	106
Impatiens textorii	106
Imperata cylindrica var. koenigii	238
Indigofera bungeana	200
Indigofera pseudotinctoria	200
Inocarupus fagiferus	286
Intsia bijuga	287
Ipomoea alba	60
Ipomoea nil	60
Ipomoea pes-caprae	60
Ipomoea purpurea	60
Iris domestica	257
Iris ensata var. spontanea	256
Iris laevigata	256
Iris sanguinea	256
Ixeridium dentatum ssp. dentatum	51
Ixeris japonica	51
Ixeris stolonifera	51

J

Juglans mandshurica var. cordiformis	164
Juglans mandshurica var. sachalinensis	164
Juncus decipiens	233
Justicia procumbens var. procumbens	79

K

Kadsura japonica	270
Kalopanax septemlobus	32
Kerria japonica	182
Kerria japonica f. plena	182

L

Lactuca indica	47
Lagerstroemia indica	150
Lamium album var. barbatum	72
Lamium amplexicaule	72
Lamium purpureum	72
Lapsanastrum apogonoides	47
Lapsanastrum humile	47
Larix kaempferi	277

Laurocerasus zippeliana	185
Leibnitzia anandria	35
Leonurus japonicus	71
Lepidium virginicum	132
Lespedeza bicolor	198
Lespedeza buergeri	198
Lespedeza cuneata	199
Lespedeza thunbergii ssp. thunbergii f. thunbergii	198
Ligustrum japonicum	81
Ligustrum lucidum	81
Ligustrum obtusifolium	82
Ligustrum sinense	82
Lilium auratum	246
Lilium x formolongo	246
Linaria vulgaris	76
Lindera glauca	264
Lindera obtusiloba	264
Lindera praecox	264
Lindera umbellata	265
Lindernia crustacea	80
Lindernia dubia ssp. major	80
Lindernia procumbens	80
Liquidambar formosana	125
Liquidambar styraciflua	125
Liriodendron tulipifera	267
Liriope muscari	252
Lithocarpus edulis	163
Litsea japonica	262
Lodoicea maldivica	7
Lonicera gracilipes var. glabra	23
Lonicera japonica	23
Lotus corniculatus var. japonicus	196
Ludwigia epilobioides	152
Luzula capitata	233
Lycium chinense	63
Lysichiton camtschatcense	260
Lysimachia acroadenia	98
Lysimachia clethroides	99
Lysimachia fortunei	99
Lysimachia japonica	98
Lysimachia mauritiana	99
Lythrum anceps	150

M

Machilus thunbergii	263
Macleaya cordata	223
Magnolia compressa	265
Magnolia denudata	266
Magnolia grandiflora	267
Magnolia kobus	266
Magnolia obovata	267
Magnolia salicifolia	266
Maianthemum dilatatum	253
Mallotus japonicus	214
Malus toringo	188
Malus tschonoskii	188
Malva mauritiana	137
Marsdenia tomentosa	87
Mazus miquelii	67
Mazus pumilus	67
Melanthera prostrata	44

Melia azedarach	140
Meliosma myriantha	218
Meliosma tenuis	219
Merremia discoidesperma	284
Metaplexis japonica	86
Metasequoia glyptostroboides	274
Mirabilis jalapa	118
Miscanthus sacchariflorus	241
Miscanthus sinensis	241
Mitella pauciflora	128
Mitrastemma yamamotoi	106
Mollugo stricta	117
Mollugo verticillata	117
Monochoria vaginalis	232
Monotropa hypopithys	96
Monotropa uniflora	96
Monotropastrum humile	96
Morella rubra	166
Morus alba	172
Morus australis	172
Mosla dianthera	68
Mosla scabra	68
Mucuna gigantea	286
Mucuna macrocarpa	286
Mucuna membranacea	286
Mucuna sloanei	286

N

Nageia nagi	272
Nandina domestica	222
Nanocnide japonica	193
Nasturtium officinale	132
Neillia incisa	183
Neillia tanakae	183
Nelumbo nucifera	219
Neoachmandra japonica	168
Neolitsea sericea	263
Neoshirakia japonica	214
Nerium oleander var. indicum	85
Nuphar japonica	271
Nuttallanthus canadensis	76
Nypa fruticans	283

O

Oenothera biennis	153
Oenothera laciniata	153
Oenothera rosea	152
Oenothera stricta	153
Omphalea papuana	284
Omphalodes japonica	84
Ophiopogon jaburan	252
Ophiopogon japonicus	252
Oplismenus undulatifolius	240
Orixa japonica	141
Orobanche minor	66
Orychophragmus violaceus	134
Oryza sativa	238
Osmorhiza aristata	28
Ostrya japonica	155
Oxalis corniculata	206
Oxyrhynchus trinervius	287

P

Padus buergeriana	185
Padus grayana	185
Paederia scandens	91
Paeonia obovata	124
Pandanus odoratissimus	283
Pangium edule	284
Papaver dubium	225
Parnassia palustris var. palustris	217
Parthenocissus tricuspidata	129
Paspalum dilatatum	239
Paspalum thunbergii	239
Patrinia scabiosifolia	22
Patrinia villosa	22
Paulownia tomentosa	65
Pennisetum alopecuroides	240
Penthorum chinense	126
Perilla frutescens var. frutescens	207
Persicaria capitata	121
Persicaria filiformis	121
Persicaria hydropiper	120
Persicaria longiseta	120
Persicaria perfoliata	122
Persicaria posumbu	120
Persicaria pubescens	120
Persicaria senticosa	121
Persicaria thunbergii	121
Pertya scandens	35
Petasites japonicus	42
Phellodendron amurense	141
Phellodendron amurense var. japonicum	141
Phoenix dactylifera	243
Photinia glabra	189
Phragmites australis	241
Phryma leptostachya ssp. asiatica	67
Phyla nodiflora	76
Phyllanthus lepidocarpus	211
Physalis alkekengi var. franchetii	64
Phytolacca americana	118
Phytolacca japonica	118
Picea abies	276
Picris hieracioides ssp. japonica	48
Pieris japonica ssp. japonica	93
Pinus densiflora	275
Pinus pumila	274
Pinus thunbergii	275
Pittosporum tobira	34
Plantago asiatica	77
Plantago japonica	77
Plantago lanceolata	77
Platanus × acerifolia	218
Platycarya strobilacea	165
Platycodon grandiflorus	56
Pleurospermum uralense	29
Poa annua	237
Podocarpus macrophyllus	272
Pollia japonica	232
Polygala japonica	206
Polygonatum falcatum	253
Polygonatum odoratum var. pluriflorum	253
Populus angulata	211
Portulaca oleracea	117

Potentilla anemonifolia	179
Potentilla centigrana	178
Potentilla cryptotaeniae	178
Potentilla fragarioides var. major	178
Potentilla hebiichigo	179
Potentilla indica	179
Pourthiaea villosa var. villosa	189
Primula japonica	98
Prunella vulgaris ssp. asiatica	69
Pseudopyxis depressa	91
Pterocarya rhoifolia	165
Pterostyrax hispida	101
Pueraria lobata	203
Pulsatilla cernua	227
Pyracantha angustifolia	191
Pyracantha coccinea	191
Pyrola asarifolia ssp. incarnata	95
Pyrola japonica	95

Q

Quercus acuta	160
Quercus acutissima	162
Quercus crispula	163
Quercus crispula var. horikawae	163
Quercus dentata	162
Quercus glauca	160
Quercus miyagii	161
Quercus myrsinifolia	160
Quercus phillyreoides	161
Quercus salicina	161
Quercus serrata	163
Quercus variabilis	162

R

Ranunculus cantoniensis	230
Ranunculus japonicus	230
Ranunculus silerifolius var. glaber	230
Raphanus sativus var. hortensis f. raphanistroides	134
Reineckea carnea	250
Rhamnus japonica var. decipiens	175
Rhaphiolepis indica var. umbellata	189
Rhododendron kaempferi var. kaempferi	94
Rhododendron molle ssp. japonicum	94
Rhodotypos scandens	182
Rhus javanica var. chinensis	139
Rhynchosia acuminatifolia	202
Rhynchosia volubilis	202
Robinia pseudoacacia	201
Rohdea japonica	251
Rorippa indica	131
Rorippa palustris	131
Rosa luciae	180
Rosa multiflora	180
Rosa rugosa	180
Rotala indica	150
Rubia argyi	90
Rubus buergeri	177
Rubus crataegifolius	176
Rubus hirsutus	176
Rubus idaeus	177

Rubus microphyllus	177
Rubus palmatus var. coptophyllus	176
Rubus phoenicolasius	177
Rumex acetosa	119
Rumex conglomeratus	119
Rumex japonicus	119
Rumex obtusifolius	119

S

Sagina japonica	113
Sagittaria trifolia	260
Salix caprea	210
Salix gracilistyla	210
Salix integra	210
Salvia japonica	69
Salvia plebeia	69
Sambucus racemosa ssp. sieboldiana	24
Sanguisorba officinalis	181
Sanicula chinensis	27
Sapindus mukorossi	145
Sarcandra glabra	269
Saxifraga stolonifera	128
Scabiosa japonica	22
Scaevola taccada	56
Schisandra chinensis	271
Schisandra repanda	270
Schoenoplectus triqueter	235
Sciadopitys verticillata	274
Scopolia japonica	64
Scutellaria indica	71
Sedum subtile	126
Semiaquilegia adoxoides	229
Senecio vulgaris	42
Serratula coronata ssp. Insularis	53
Setaria chondrachne	239
Setaria viridis	239
Sicyos angulatus	167
Sigesbeckia glabrescens	43
Sigesbeckia pubescens	43
Silene armeria	112
Silene baccifera var. japonica	112
Sinomenium acutum	221
Sisyrinchium rosulatum	257
Skimmia japonica var. japonica	143
Smilax biflora var. trinervula	246
Smilax china	245
Smilax riparia	245
Solanum carolinense	61
Solanum japonense	62
Solanum lyratum	62
Solanum maximowiczii	62
Solanum nigrum	61
Solanum ptychanthum	61
Solidago altissima	36
Solidago virgaurea ssp. asiatica	36
Sonchus asper	49
Sonchus brachyotus	49
Sonchus oleraceus	49
Sorbus commixta	190
Spiraea japonica	184
Spiraea thunbergii	184
Spiranthes sinensis var. amoena	258

Stachyurus praecox 148
Staphylea bumalda 149
Stauntonia hexaphylla 220
Stellaria aquatica 114
Stellaria media 114
Stellaria neglecta 114
Stellaria uliginosa var. undulata 114
Stewartia monadelpha 103
Stewartia pseudocamellia 103
Streptopus streptopoides ssp. japonicus 248
Strongylodon siderospearus 287
Styphonolobium japonicum 201
Styrax japonica 101
Styrax obassia 101
Swertia bimaculata 89
Swertia japonica 89
Symplocos sawafutagi 100

T

Talinum paniculatum 117
Taraxacum albidum 50
Taraxacum officinale 50
Taraxacum platycarpum 50
Taxodium distichum 273
Taxus cuspidata 278
Terminalia catappa 283
Ternstroemia gymnanthera 104
Tetragonia tetragonoides 123
Thalictrum aquilegiifolium var. intermedium 225
Thalictrum minus var. hypoleucum 225
Thrixspermum japonicum 259
Tiarella polyphylla 128
Tilia japonica 138
Toona sinensis 140
Torilis japonica 28
Torilis scabra 28
Torreya nucifera 278
Toxicodendron succedaneum 139
Toxicodendron trichocarpum 139
Trachelospermum asiaticum 86
Trachycarpus fortunei 243
Trachycarpus wagnerianus 243
Trapa incisa 151
Trapa japonica 151
Trapa natans var. pumila 151
Triadica sebifera 212
Trichosanthes cucumeroides 168
Trichosanthes kirilowii var. japonica 168
Tricyrtis hirta 247
Trifolium dubium 197
Trifolium pratense 197
Trifolium repens 197
Trigonotis peduncularis 84
Trillium apetalon 250
Triodanis perfoliata 55
Tripora divaricata 73
Tripterospermum trinervium 89
Tripterygium regelii 215
Tubocapsicum anomalum 64
Typha domingensis 242
Typha latifolia 242
Typha orientalis 242

U

Ulmus davidiana var. japonica 192
Ulmus laciniata 192
Ulmus parvifolia 192

V

Vaccinium hirtum var. pubescens 93
Valeriana flaccidissima 23
Veratrum album ssp. oxysepalum 250
Verbascum thapsus 79
Vernicia cordata 284
Vernicia fordii 284
Veronica anagallis-aquatica 78
Veronica arvensis 78
Veronica persica 78
Viburnum dilatatum 26
Viburnum furcatum 25
Viburnum odoratissimum var. awabuki 26
Viburnum phlebotrichum 25
Viburnum plicatum var. tomentosum 25
Vicia hirsuta 194
Vicia sativa ssp. nigra 194
Vicia tetrasperma 194
Vicia unijuga 195
Vicia villosa ssp. varia 195
Vicia villosa ssp. villosa 195
Vincetoxicum sublanceolatum var. sublanceolatum 87
Viola betonicifolia var. albescens 209
Viola eizanensis 209
Viola grypoceras var. grypoceras 208
Viola hondoensis 209
Viola keiskei 209
Viola mandshurica 208
Viola verecunda 208
Viscum album ssp. coloratum 123
Vitex rotundifolia 74
Vitis coignetiae 130
Vitis ficifolia 130
Vitis flexuosa 130

W

Weigela coraeensis 24
Weigela hortensis 24
Wisteria floribunda 203

XYZ

Xanthium orientale ssp. italicum 45
Xanthium orientale ssp. orientale 45
Xylocarpus granatum 282
Youngia japonica 48
Zanthoxylum ailanthoides 143
Zanthoxylum armatum var. subtrifoliatum 143
Zanthoxylum piperitum 142
Zanthoxylum schinifolium 142
Zelkova serrata 191
Zephyranthes candida 255

図版・イラスト　小堀文彦（EDEAGUS）

装丁・デザイン　太田益美（m+oss）

ネイチャーウォッチングガイドブック

形態や大きさが一目でわかる

増補改訂 草木の 種子と果実

2018年9月20日　発　行　　　　　　　　　　　　NDC470

著　者　　鈴木庸夫　高橋冬　安延尚文

発行者　　小川雄一

発行所　　株式会社 誠文堂新光社

〒113-0033　東京都文京区本郷3-3-11

（編集）電話 03-5805-7285

（販売）電話 03-5800-5780

http://www.seibundo-shinkosha.net/

印刷・製本　大日本印刷 株式会社

©2018, Isao Suzuki, Fuyu Takahashi, Naofumi Yasunobu.　　　　　Printed in Japan

落丁・乱丁本はお取り替え致します。　　　　　　　　　　　　　　　　　　検印省略

本書のコピー、スキャン、デジタル化等の無断複製は、著作権法上での例外を除き、禁じられています。本書を代行業者等の
第三者に依頼してスキャンやデジタル化することは、たとえ個人や家庭内での利用であっても著作権法上認められません。

JCOPY ＜（社）出版者著作権管理機構　委託出版物＞ 本書を無断で複製複写（コピー）することは、著作権法上で
の例外を除き、禁じられています。本書をコピーされる場合は、そのつど事前に、（社）出版者著作権管理機構（電話
03-3513-6969／FAX 03-3513-6979／e-mail:info@jcopy.or.jp）の許諾を得てください。

ISBN978-4-416-51874-8